新能源科学与工程专业实验

葛武杰　主编

陈丽军　黄宏升　副主编

化学工业出版社

·北京·

内容提要

《新能源科学与工程专业实验》内容包括锂离子电池、燃料电池、太阳能电池和风力发电四大模块，先分别介绍各模块相关基础知识，然后以材料制备、材料表征、器件制备、器件性能测试为序编排设计实验内容。《新能源科学与工程专业实验》力求让学生具备实验设计、分析与数据处理的能力，具备验证、指导及解决工程问题的能力，具备应用各种技术和现代工程工具解决实际问题的能力。

《新能源科学与工程专业实验》可供高等学校新能源科学与工程、新能源材料与器件专业教学使用和参考。

图书在版编目(CIP)数据

新能源科学与工程专业实验 / 葛武杰主编．—北京：
化学工业出版社，2020.9 (2022.1重印)
ISBN 978-7-122-37342-7

Ⅰ.①新… Ⅱ.①葛… Ⅲ.①新能源-实验-高等学校-教材 Ⅳ.①TK01-33

中国版本图书馆 CIP 数据核字（2020）第 118522 号

责任编辑：李玉晖　金　杰	文字编辑：林　丹　段曰超
责任校对：刘　颖	装帧设计：关　飞

出版发行：化学工业出版社（北京市东城区青年湖南街 13 号　邮政编码 100011）
印　装：北京建宏印刷有限公司
710mm×1000mm　1/16　印张 7¾　字数 165 千字　2022 年 1 月北京第 1 版第 2 次印刷

购书咨询：010-64518888　　　　　　　售后服务：010-64518899
网　址：http://www.cip.com.cn

购买本书，如有缺损质量问题，本社销售中心负责调换。

定　价：28.00 元

前 言

　　新能源科学与工程专业属于能源动力类专业，面向新能源产业，根据能源行业的发展趋势和国民经济发展需要，满足培养国家战略性新兴产业发展所需新能源领域教学、科研、技术开发、工程应用、经营管理等方面专业人才的需求。

　　新能源科学与工程专业综合实验是该专业的一门非常重要的理论与实践相结合的课程。目前在实际教学中使用的实验指导资料大多是单个实验的讲义形式，没有完备、规范的实验教程，为了方便该专业教师和学生使用，我们结合企业生产实践需求编写了这本较全面的实验指导教材，本书也可供从事化学电源研究、开发工作的人员参考使用。

　　本书分为锂离子电池、燃料电池、太阳能电池和风力发电四大模块，先分别介绍各模块相关基础知识，然后按照材料制备、材料表征、器件制备、器件性能测试的顺序编排设计实验内容。本书力求让学生具备实验设计、分析与数据处理的能力，具备验证、指导及解决工程问题的能力，具备应用各种技术和现代工程工具解决实际问题的能力。

　　本书由葛武杰、陈丽军、黄宏升和马先果共同编写，由葛武杰担任主编，负责统稿。在撰写过程中得到了贵州省能源化学特色重点实验室、国家自然科学基金（21805053）以及贵州理工学院高层次人才启动基金（XJGC20190901，XJGC20190645）的资助，在此一并表示感谢。同时，对本书中所列参考文献的作者也表示由衷的感谢。

　　由于编者水平有限，书中难免有不足之处，恳请广大读者批评指正。

编　者

2020 年 6 月

目 录

绪 论

（1）新能源科学与工程专业综合实验的学习目的

新能源科学与工程专业综合实验是新能源科学与工程专业学生的一门实践类必修课程。借助层次性设计的多种实验项目，学习基本原理、操作手段、操作仪器以及数据分析处理的有关知识，通过有层次且系统性的实验训练帮助学生巩固及应用课堂所学知识，并达到以下要求：

1）学生初步了解新能源相关材料及器件的制备、表征及分析检测的研究方法，掌握相应仪器的使用方法。

2）培养学生独立思考的能力，巩固学生对新能源使用途径的认识，增强学生解决实际问题的能力。

3）通过实验预习、操作、数据处理、思考、讨论等环节，训练学生的文献查阅能力、动手能力、思维及表达能力，引导并培养学生严谨求真、开拓创新的科学态度，为以后的学习和工作打好基础。

（2）新能源科学与工程专业综合实验的学习方法

1）提前预习。一定要认真预习实验教材，明确实验目的，主动查阅相关文献，思考并掌握实验原理内容，完成预习报告。

2）细心实验。实验过程中一定要做到以下几点：

① 遵守实验纪律，严格执行实验操作规程，认真观察实验现象，如实做好实验记录。

② 实验过程一定要严谨求真。如果出现与理论不相符的实验现象，也需要如实记录，首先做到尊重实验事实，然后加以分析，找出原因，必要时可以重复实验，直至得出正确结论为止。

③ 实验过程中产生的废液一定要放到指定地方并贴好标签，养成良好的实验习惯。

④ 爱护实验室财产。

3）反思实验结果，写好实验报告。实验结束后要尽快完成实验报告，一份完整的实验报告应该包括实验名称、目的、原理、步骤、过程记录、数据结果以及反思与讨论。对于实验过程中出现的现象要加以分析解释。

（3）新能源科学与工程专业综合实验的安全操作

安全是实验室的头等大事，尤其是在综合实验过程中，会使用到某些高温高压的设备以及易燃气体，所以在进行实验时，首先一定要在思想上高度重视安全问题。为确保人身安全和实验顺利进行，实验人员必须遵守以下安全守则：

① 实验之前，应熟悉具体操作流程，对可能发生安全问题的操作要保持高度警惕，杜绝事故的发生。

② 实验室内严禁饮食、吸烟。实验之后，必须清洗双手。

③ 使用危险药品需要向实验管理人员报备，并及时归还。

④ 使用电器时要谨防触电，有高温高压设备运行时，必须要有人看守。离开实验室时要仔细检查水、气、电是否关好。

⑤ 处理有毒、挥发性药品时，必须在通风橱内进行。

⑥ 爱护仪器设备，爱惜药品，实验中损坏仪器应主动向教师报告。

⑦ 实验中产生的废液、废纸、玻璃片等应放在指定位置，不得随意丢弃。

⑧ 实验完毕，应整理仪器装置，做好卫生。

第1章

锂离子电池

1.1 锂离子电池简介

1.1.1 锂离子电池概述

　　绿色能源形式多种多样,其中绿色化学电源因其利用率高和环境友好等优点,已经成为人类使用的主要能源之一。各类高能电池在生产和人们生活中发挥着巨大作用。传统的化学电源,如镍镉电池、镍氢电池、铅酸电池等,因其具有毒性,很多国家对这类电池都做出了严格控制。燃料电池虽然具有较高的能量密度,但受到氢气储存、电催化等方面的技术限制,尚不能满足实际应用需要,其应用也很难在短期内得以实现。锂离子电池自诞生以来,由于其无记忆效应、比能量高、安全性高、环境友好等特点,得到了迅猛的发展。近年来,便携式电子设备如笔记本电脑、智能手机、智能机器人、军用电子设备等,以及电动汽车、航空航天的快速发展,愈发促进了锂离子电池的广泛应用。为了贯彻落实十三五规划纲要,工信部发布的《轻工业发展规划(2016—2020 年)》中明确指出,下一步需要重点发展适用于新能源汽车的动力锂离子电池。

1.1.2 锂离子电池概念

锂离子电池可以形象地称为"摇椅电池",是一种锂离子可以在正极和负极材料中进行反复地嵌入和脱出的能够多次循环充放电的高能电池。锂离子在正、负极之间脱嵌,通过电子得失的氧化还原反应实现充放电过程。

1.1.3 锂离子电池特点

与传统的镍镉电池、镍氢电池和铅酸电池相比,锂离子电池具有以下这些优点:

1)工作电压高。比如以钴酸锂材料作正极、石墨材料作负极的锂离子电池工作电压平台为 3.6~3.7V,是传统镍氢电池的三倍,高的工作电压平台就可以提供高的功率密度。

2)能量密度高。质量和体积能量密度均较高,并且在不断地发展。储存同样电能时,锂离子电池体积小、质量小,可以小型化、轻量化。

3)安全性好。商业化的锂离子电池大多采用性能优异的碳材料作负极,锂离子在碳中可逆地脱嵌,有效地减小金属锂沉积的概率,电池的安全性得到很大程度提高。近年来,阻燃添加剂、自动封闭隔膜、防爆设计、电池管理系统等技术的发展,更好地保证了锂离子电池使用时的安全性。

4)自放电率小。室温下每月自放电率普遍低于 10%,是镍镉电池自放电率的一半。

5)循环稳定性好,使用寿命长。锂离子电池循环寿命一般都在 500 次以上。以磷酸铁锂为正极材料的锂离子电池循环寿命可高达 3000 次以上。

6)工作温度范围宽。可在-25~45℃之间工作,当采用特殊电解质时,可在-40~70℃之间工作。

7)无记忆效应。可以随时反复充、放电使用。

8)对环境友好。电池中不含镉、铅、汞等有毒有害物质,是一种洁净的绿色化学能源。

锂离子电池与镍氢电池、镍镉电池主要性能比较如表 1-1 所示。

表 1-1 锂离子电池与镍氢电池、镍镉电池主要性能比较

项目	镍氢电池	镍镉电池	锂离子电池
工作电压/V	1.2	1.2	3.6
质量比能量/W·h·kg^{-1}	65	50	100~150
体积比能量/W·h·L^{-1}	200	150	270

项目	镍氢电池	镍镉电池	锂离子电池
循环寿命/次	300～700	300～600	500～2500
自放电率/%·月$^{-1}$	30～50	25～30	6～12
记忆效应	无	有	无
安全性	差	差	有过充、过放、短路等自保护能力

1.1.4　锂离子电池工作原理

实用的锂离子电池结构部件包括正极、负极、电解液、隔膜、集流体，以及正极引线、负极引线、绝缘材料、中心端子、安全阀、PTC（正温度控制端子）和电池外包装壳。现阶段常用的正极材料为满足可逆脱嵌锂离子的插锂化合物，主要有 $LiCoO_2$、$LiFePO_4$，同时含有 Ni、Co、Mn 的三元材料以及富锂锰材料等，常用的负极材料有石墨碳材料、硅合金材料和某些金属氧化物等，商业化的电解液由锂盐（$LiClO_4$、$LiPF_6$、$LiBF_4$、LiBOB 等）溶解在特定有机溶剂（如碳酸乙烯酯、二乙基碳酸酯、二甲基碳酸酯、碳酸丙烯酯等以一定比例形成的混合物）中组成，聚烯烃类聚合物膜是常见的电池隔膜，正极集流体常用铝箔，负极集流体普遍采用铜箔。锂离子电池包括圆柱形、方形、扣式和软包等形式，如图 1-1 所示。不同形状锂离子电池的生产工序也只是略微不同，各自具有优缺点。比如，圆柱形电池成本最低，也容易控制电池的一致性；薄板型聚合物锂离子电池没有像液态电芯那样采用金属外壳，而是用铝塑膜作为包装外壳，如果发生安全隐患，聚合物电芯顶多只是出现气鼓现象。

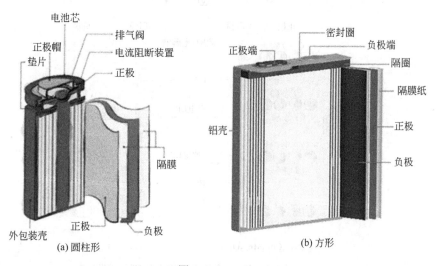

图 1-1

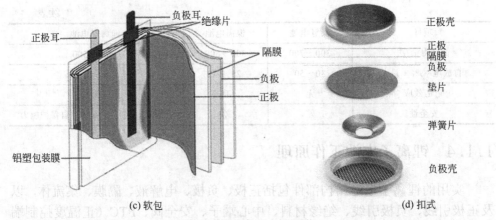

(c) 软包	(d) 扣式

图 1-1　锂离子电池形状

　　锂离子电池本质上是一种锂离子浓差电池，图 1-2 显示了锂离子电池充放电工作原理。以 $LiNi_{0.5}Co_{0.2}Mn_{0.3}O_2$ 正极材料、石墨化碳负极材料组成的电池为例，充电过程中，锂离子从正极晶胞中脱出，正极材料失去电子，其中的 Ni 由+2 价或+3 价氧化为 Ni^{4+}，锂离子通过电解液和隔膜传递到负极，嵌入石墨负极材料的结构中，生成 Li_xC_6 结构。此时，正负极均达到电荷平衡。正极材料处于贫锂状态，电位较高；负极材料处于富锂状态，电位较低。放电过程则恰恰相反，锂离子从负极石墨中脱出来，通过电解液和隔膜，嵌入正极材料晶胞中，Ni^{4+} 又被还原，正负极再次实现电平衡。在充放电过程中，发生的电极反应如下：

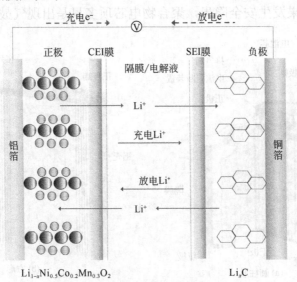

图 1-2　锂离子电池充放电原理示意图

正极　　$LiNi_{0.5}Co_{0.2}Mn_{0.3}O_2 \underset{放电}{\overset{充电}{\rightleftharpoons}} Li_{1-x}Ni_{0.5}Co_{0.2}Mn_{0.3}O_2 + xLi^+ + xe^-$　　（1-1）

负极　　　　　　　　$6C + xLi^+ + xe^- \underset{放电}{\overset{充电}{\rightleftharpoons}} Li_xC_6$　　　　　　　（1-2）

总反应　$LiNi_{0.5}Co_{0.2}Mn_{0.3}O_2 + 6C \underset{放电}{\overset{充电}{\rightleftharpoons}} Li_{1-x}Ni_{0.5}Co_{0.2}Mn_{0.3}O_2 + Li_xC_6$　（1-3）

1.1.5　锂离子电池正极材料简介

正极、负极、电解液和隔膜是锂离子电池的最基本组成部分。正极材料为锂离子电池正常运行提供锂源，整个电池的电化学性能及其价格也主要受正极材料制约。如图 1-3 所示，正极材料的花费占锂离子电池总成本的 40%。另外，研究发现，正极材料比容量提升 50%，整个电池的比容量可提高 28%；而相比之下，若负极材料比容量提升 50%，电池的比容量仅可提高 13%。因而，研发具有优异性能且廉价的正极材料是促进锂离子电池发展的关键。最理想的正极材料需要同时满足以下条件：

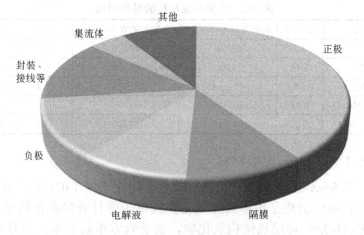

图 1-3　锂离子电池各个部件成本分布

1）正极材料的吉布斯自由能要大，与负极材料形成的电位差较大，保障电池具有较高的工作输出电压。

2）正极材料中能够嵌入的锂离子量大，并且电极电位随嵌入量不同而变化的幅度非常小，保障锂离子电池有稳定的工作输出电压。

3）具有较大的孔径"隧道"，确保在充放电过程中，锂离子可以自由脱嵌，为材料提供较大的离子扩散速率和迁移速率。

4）具有较大的界面以及较多的表观结构，增加充放电时脱嵌锂的空间位置，提高材料性能。

5）具有卓越的电子导电性，保证电池大电流充放电能力。

6）具有优异的电极过程动力学特性。

7）与电解液、集流体等不发生化学或物理反应，与电池其他部件兼容性好。

8）材料稳定性好，保证电池在储存过程中自放电少。

9）重量轻，易于做成需要的电极结构，以便增加整个电池的性价比。

10）无毒、低价、易制备。

自 1980 年 Goodenough 等首次提出 $LiCoO_2$ 作为锂离子电池正极材料，1991 年 Sony 成功推出第一块商业化锂离子电池以来，研究者们一直致力于锂离子电池正极材料的研究与开发。正极材料已从最初单一的 $LiCoO_2$ 转变为各种材料并存的局面，常用的正极材料除 $LiCoO_2$ 外，还有聚阴离子橄榄石型 $LiFePO_4$ 材料、尖晶石型 $LiMn_2O_4$ 正极材料、富锂锰基正极材料、高镍系层状 $LiNi_{0.8}Co_{0.15}Al_{0.05}O_2$ 及镍钴锰酸锂三元材料。各正极材料的基础性能如表 1-2 所示，每个材料的研究现状见以下分析。

表 1-2 常用正极材料的性能对比

正极材料	电压/V	比容量/mA·h·g^{-1}	能量密度/W·h·kg^{-1}	安全性	循环寿命/次
$LiCoO_2$	3.7	约 140	约 520	低	500～1000
$LiFePO_4$	3.45	160	约 500	高	1000～2500
$LiMn_2O_4$	3.8	110～140	500～520	中等	500～1000
$LiNi_{0.8}Co_{0.15}Al_{0.05}O_2$	3.73	180～200	约 720	中等	500～1000
$Li[Ni_{1-x-y}Co_xMn_y]O_2$	约 3.8	140～180	约 700	中等	500～1000

1.1.5.1 $LiCoO_2$ 正极材料

1991 年 Sony 推出的第一块锂离子电池用的正是 $LiCoO_2$ 正极材料，直至今天，$LiCoO_2$ 仍然是很多商业化便携式电子器件青睐的锂离子电池正极材料。$LiCoO_2$ 是一种层状结构氧化物，属于六方单斜晶系，具有 α-$NaFeO_2$ 岩盐型、R-3m 型空间群结构，图 1-4 显示了 $LiCoO_2$ 结构。氧原子按照六方密堆积排列，氧八面体间隙被 Li 和 Co 占据，形成二维结构，Li 和 Co 在六方结构的（111）面交替排列，在 c 轴方向上分别形成与氧平行的单独的层，锂离子则能在层间自由迁移。从总的结构来看，Li^+、Co^{3+}、O^{2-} 分别占据 $3a$、$3b$、$6c$ 的位置。

尽管钴有毒性、价格高、对环境不友好，$LiCoO_2$ 仍然是便携式电子设备中使用最多的锂离子电池正极材料。这是因为 $LiCoO_2$ 放电平稳，放电电压高，热稳定性好。此外，$LiCoO_2$ 容易制备，可以采用简便的固相反应方法直接合成。在合成过程中，$LiCoO_2$ 颗粒的生长受煅烧温度、保温时间和锂源添加量控制。稍微过量的锂原子[一般 5%～6%（原子分数）]有助于生

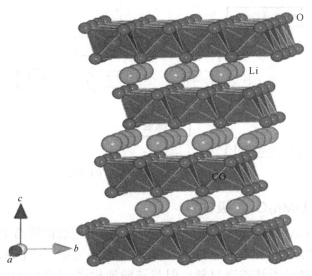

图 1-4　LiCoO$_2$ 结构

成大约 15μm 的较大颗粒的 LiCoO$_2$，有助于减小正极颗粒与有机电解液之间的反应活性。然而，添加锂源量过多后，多余的 Li 进入 LiCoO$_2$ 晶体结构中，造成 Co^{3+} 位置被部分 Li$^+$ 取代，降低材料的容量。

　　LiCoO$_2$ 的理论比容量高达 274 mA·h·g^{-1}，但是实际使用中只有大约 140 mA·h·g^{-1} 的放电容量。这是因为当充电电压高于 4.5V 时，正极材料处于严重脱锂态 Li$_x$CoO$_2$（$x<0.5$），导致材料结构出现坍塌，可逆容量迅速衰减。故 LiCoO$_2$ 材料中锂离子可逆脱嵌量最多为 0.5，其充电电压一般不能超过 4.5V。这极大地限制了该材料在大功率领域的应用。后期研究者们也对其进行了大量改善性能的研究。

　　传统的 LiCoO$_2$ 制备方式是固相法，将锂盐和钴盐直接混合后煅烧形成，合成路线如图 1-5 所示。缺点是合成的材料颗粒尺寸大，材料的电化学性能也难以控制。之后，研究者们还结合了溶胶凝胶法、喷雾干燥法、低温熔盐法等制备 LiCoO$_2$。研究认为，在 LiCoO$_2$ 材料里掺杂别的金属可以改善其放电性能，Al 和 Mg 储量丰富，常用来掺杂到 LiCoO$_2$ 材料中。Mg 的引入使 LiCoO$_2$ 的部分晶体结构产生变化，可提高材料在循环过程中的可逆性，增强其稳定性。如 Julien 等采用燃烧法制备了 LiCo$_{0.5}$Mg$_{0.5}$O$_2$，首次放电容量达到 140 mA·h·g^{-1}。另一种提升 LiCoO$_2$ 材料放电化学性能的方法是表面包覆，常见的包覆物为氧化物和氟化物。研究认为，包覆后可以减少充电过程中高价的 Co^{4+} 与电解液产生的 HF 之间的反应，从而减少电化学活性元素 Co 的损失，最终导致材料放电容量增加。但是，由于 LiCoO$_2$ 有实际比容量低这一致命缺陷，该材料正渐渐被镍钴锰三元材料所取代。

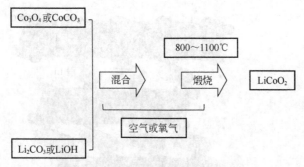

图 1-5　固相法合成 $LiCoO_2$ 的路线

1.1.5.2　$LiMn_2O_4$ 正极材料

尖晶石型 $LiMn_2O_4$ 材料具有电化学活性，能可逆脱嵌锂离子，电压平台约为 4.0V，理论容量为 148 mA·h·g^{-1}，而实际放电容量一般在 120 mA·h·g^{-1} 左右，其容量略低于钴酸锂材料。但与钴酸锂相比，$LiMn_2O_4$ 的热稳定性较好；锰元素的原料丰富，价格相对便宜，无毒性，环境友好。

$LiMn_2O_4$ 材料是标准的立方尖晶石结构，属于 Fd3m 空间群，结构示意如图 1-6 所示。其中，一个晶胞中含有 56 个原子：8 个锂原子，16 个锰原子和 32 个氧原子，且 Mn^{3+} 和 Mn^{4+} 各占一半。锂原子位于四面体的 8a 位，锰原子位于八面体的 16d 位置，氧处在面心立方 32e 位。在这种结构中，共棱相连 MnO_6 八面体和八面体空缺的 16c 位置构成连续的三维锂离子扩散通道，促使该材料具有较好的锂离子动力学特性，锂离子的扩散系数达到 10^{-12}～10^{-14}m^2·s^{-1}。

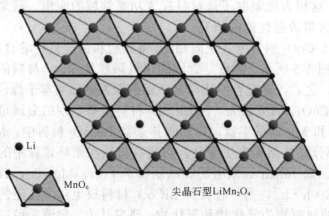

图 1-6　$LiMn_2O_4$ 结构示意图

尖晶石型 $LiMn_2O_4$ 材料在充放电过程中会出现两个电压平台：4V 和 3V。前者对应于锂从四面体 8a 位置进行可逆的嵌入和脱出，与此同时尖晶石的

[Mn$_2$O$_4$]骨架发生各向同性的可逆膨胀和收缩，仍可保持尖晶石结构的立方对称性；而当过量的锂离子嵌入尖晶石骨架后，则出现了 3V 的平台，此时立方体 LiMn$_2$O$_4$ 和四面体 Li$_2$Mn$_2$O$_4$ 之间发生相转变，锰从 3.5 价还原为 3.0 价。在 Li$_2$Mn$_2$O$_4$ 中的 MnO$_6$ 八面体中，沿着 c 轴方向的 Mn—O 键变长，a 轴和 b 轴键长则变短。由于 Jahn-Teller 畸变比较严重，c/a 达到 16%，晶胞体积增加 6.5%，使得材料晶粒破碎，粒子与粒子之间的接触产生松弛，结构稳定性降低，容量衰减加快。

虽然尖晶石型 LiMn$_2$O$_4$ 材料可以作为 4V 锂离子电池的正极材料，但是其平台容量存在缓慢衰减现象，循环稳定性差。一般认为造成这种现象的原因主要有三方面：+2 价锰离子溶于电解液中导致活性元素缺失，+3 价锰离子发生的 Jahn-Teller 效应导致晶粒破碎，以及充电尽头产生强氧化性的+4 价锰离子导致结构不稳定。另外，该材料的电导率较低，也有待提高。针对这些问题，改进 LiMn$_2$O$_4$ 材料的方法主要是对材料进行表面处理、掺杂阴离子或阳离子、在电解液中加入添加剂及其他方法。Susanto 等利用 Mg 和 Al 同时取代 LiMn$_2$O$_4$ 材料中的部分 Mn，达到抑制锰离子溶解的作用，提高了材料在高温条件下的循环稳定性能。通过溶胶凝胶法在 LiMn$_2$O$_4$ 材料表面包覆了一层 MnO 薄膜，很好地抑制了金属锰离子的溶解，提高了电化学性能。

1.1.5.3　LiFePO$_4$ 正极材料

Goodenough 课题组的 Padhi 首次报道 LiFePO$_4$ 可以作为锂离子电池正极材料使用，自此以后，由于资源丰富、环境友好、价格低廉（尤其是跟金属钴和镍相比）、放电平台平稳等优点，LiFePO$_4$ 正极材料迅速成为世界研究热点。

LiFePO$_4$ 属于橄榄石型结构，Pnmb 空间群，金属阳离子的排列与前面介绍的 LiCoO$_2$ 和 LiMn$_2$O$_4$ 不同。LiFePO$_4$ 主要由两种结构板块组成，即八面体的 FeO$_6$ 和四面体的 PO$_4$。Fe^{2+} 占据八面体的 $4c$ 位，Li$^+$ 占据八面体的 $4a$ 位，P^{5+} 处于四面体的 $4c$ 位置，P^{5+} 与 O^{2-} 通过共价键形成聚阴离子 PO$_4^{3-}$，达成三维稳定结构。由于八面体的 FeO$_6$ 被四面体的 PO$_4^{3-}$ 中氧原子分开，未能形成连续的八面体 FeO$_6$ 网络，最终导致 LiFePO$_4$ 材料电子电导率差，室温条件下，其电子电导率仅为 $10^{-10}\sim10^{-9}$S·cm^{-1}。在充放电循环过程中，LiFePO$_4$ 材料存在着两相转变现象，即 LiFePO$_4$ 和 FePO$_4$ 两相。充电时，锂离子从部分 LiFePO$_4$ 相中脱出变成了 FePO$_4$ 相；放电时，过程相反，在整个充放电过程中这两相是共存的。研究者们通过计算证明了锂离子在 LiFePO$_4$ 材料中是通过一种一维非线性的蛇形路径迁移，且沿（010）面方向的迁移速率最快。

LiFePO$_4$是目前商业应用的一种主流正极材料，据高工产研锂电研究所调研显示，磷酸铁锂电池装机量占 2018 年国内动力电池装机量的 39%。以锂片为负极时，LiFePO$_4$ 的理论工作电压平台为 3.5V，理论比容量为 170 mA·h·g^{-1}。常用的 LiFePO$_4$ 制备方法包括高温固相法、水热法、溶胶凝胶法、碳热还原法等。Yamada 等探索了固相法合成 LiFePO$_4$ 材料的最佳焙烧温度。Wang 等在蔗糖溶液中采用溶胶凝胶法，以磷酸二氢铵、硫酸亚铁和氢氧化锂为原料，合成了由 300 nm 左右的颗粒组成的 10 μm 大小的微球体 LiFePO$_4$ 粒子，其振实密度和电化学性能比用纯水制备的 LiFePO$_4$ 材料好，在 0.1C（倍率）电流密度下，放电容量达到 154 mA·h·g^{-1}，是理论容量的 90%。

虽然 LiFePO$_4$ 正极材料具有放电平台稳定和环境友好等优点，但受限于其自身结构特点，其电子电导率和离子电导率都较低，造成材料倍率性能差。另外该材料振实密度低，造成使用该材料制作的电池比能量密度较低。因此，常常对该材料进行改性后再使用。常用的提高 LiFePO$_4$ 电化学性能的方法有两种：一是制备小颗粒或者多孔材料，以此减小离子和电子扩散路径；二是在 LiFePO$_4$ 材料表面包覆一层离子可穿透的导电物质，提高电子电导率。福建师范大学黄志高教授课题组采用第一性原理计算了 LiFePO$_4$ 材料结构中（010）面上的部分氧原子被 N 掺杂之后材料结构、电子传输以及锂离子传导性能的变化。计算结果表明，N 掺杂后减小了 LiFePO$_4$ 带隙，提高了材料电子传输能力；同时，也降低了（010）面锂离子传导活化能，提高了锂离子的扩散能力。Naik 等利用微波辅助碳热还原法合成了 Mn 取代部分 Fe 的 LiFe$_{0.99}$Mn$_{0.01}$PO$_4$ 正极材料。与 LiFePO$_4$ 相比，合成的 LiFe$_{0.99}$Mn$_{0.01}$PO$_4$ 颗粒尺寸更小，微孔更多，有利于充放电过程中锂离子扩散动力学的提高；另外，Mn^{2+} 取代 Fe^{2+} 后导致原材料中的 Li$^+$ 形成缺陷，这种缺陷也有助于锂离子在体相中的扩散。因此，LiFe$_{0.99}$Mn$_{0.01}$PO$_4$ 具有优异的电化学性能。中南大学胡国荣教授课题组制备了 Ni、Co、Mn 三元素共掺杂的 LiFePO$_4$ 材料，这种多元素掺杂的 LiFePO$_4$ 充放电性能得到明显提高，在 0.1C 电流密度下的放电容量达到 160.1mA·h·g^{-1}。Wang 等采用磷酸氢二铵、氯化铁和苯胺为原料通过原位聚合制备了均匀的碳包覆的 LiFePO$_4$ 材料，制备机理如图 1-7 所示，Fe^{3+} 促进了苯胺在颗粒表面聚合形成聚苯胺层，经过后续的煅烧过程形成均匀的碳包覆层。聚苯胺的存在抑制了 FePO$_4$ 颗粒的进一步生长，最后制备的 LiFePO$_4$/C 材料颗粒大小为 20～40nm，碳包覆层厚度为 1～2nm，循环 1100 圈之后，容量损失率仅为 5%。Ren 等考查了硬碳和软碳材料对 LiFePO$_4$ 性能的影响，研究结果表明，软碳材料复合 LiFePO$_4$ 后能够提供更多的接触面积，进而提高了复合材料的放电容量以及倍率性能。

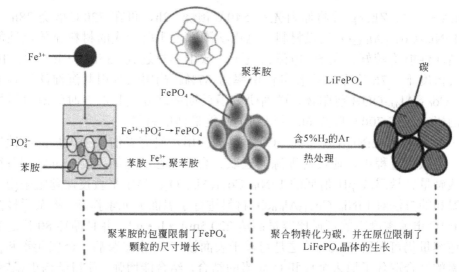

图 1-7　LiFePO$_4$/C 复合材料的合成过程

1.1.5.4　LiNi$_{0.8}$Co$_{0.15}$Al$_{0.05}$O$_2$ 正极材料

LiNi$_{0.8}$Co$_{0.15}$Al$_{0.05}$O$_2$ 正极材料具有与 LiNiO$_2$ 一样的层状结构，可以看作是少量的 Co^{3+}和 Al^{3+}共掺杂 LiNiO$_2$ 得到的产物。LiNi$_{0.8}$Co$_{0.15}$Al$_{0.05}$O$_2$ 材料具有较高的镍含量，因而具有非常高的能量密度。特斯拉汽车使用的正是用 LiNi$_{0.8}$Co$_{0.15}$Al$_{0.05}$O$_2$ 作为正极材料制备的 18650 型动力电池。目前，LiNi$_{0.8}$Co$_{0.15}$Al$_{0.05}$O$_2$ 正极材料商业化的规模很小，一直没有得到广泛应用，其原因在于它的缺点十分明显：Ni 含量高造成难以合成具有化学计量比的材料，且 Ni^{2+}在高温下活性差，势垒高，不易被完全氧化为 Ni^{3+}，在充放电使用过程中存在相变现象以及 Ni^{2+}占据 Li$^+$的位置形成阳离子混排，从而造成该材料电化学性能急剧下降。Makimura 团队发现在 LiNi$_{0.8}$Co$_{0.15}$Al$_{0.05}$O$_2$ 材料中，岩盐相所占比例超过 2%后，其充放电过程阻抗会明显增加，这也是阳离子混排造成的。此外，制约该材料商业化的另一个问题是储存性能，材料自身 pH 值较高，在储存过程中容易和空气中的水分和二氧化碳反应，使材料性能恶化。Matsumoto 等研究表明，LiNi$_{0.8}$Co$_{0.15}$Al$_{0.05}$O$_2$ 正极材料在室温以及相对湿度为 55%的空气环境中放置时，生成 Li$_2$CO$_3$ 的量和放置时间的平方根成正比。

常用高温固相法、共沉淀法、喷雾热解法、溶胶凝胶法等制备 LiNi$_{0.8}$Co$_{0.15}$Al$_{0.05}$O$_2$ 正极材料。朱先军等采用 LiOH、Ni$_2$O$_3$、Co$_2$O$_3$ 和 Al(OH)$_3$ 为原料混合研磨，经过预烧之后，取出来再研磨压片，于氧气中焙烧制得 LiNi$_{0.8}$Co$_{0.15}$Al$_{0.05}$O$_2$ 材料，首次放电容量达 186.2mA·h·g^{-1}（3.0～4.3V，

$18mA \cdot g^{-1}$）。Zhang 等将原料先在 540℃ 预烧 12h，再在 720℃ 焙烧 28h 合成 $LiNi_{0.8}Co_{0.15}Al_{0.05}O_2$ 正极材料，电化学测试表明所合成的材料充放电性能和循环性能均较好，在 5C 电流密度下，放电容量达到 $135mA \cdot h \cdot g^{-1}$；1C 电流密度下，76 次循环后容量保留率为 87%。胡国荣等用共沉淀法制备了 $Ni_{0.8}Co_{0.15}Al_{0.05}OOH$ 前驱体，详细研究了后期煅烧温度和煅烧时间对材料性能的影响，在 700℃ 煅烧 6h 后得到了性能最佳的材料。

为了推动 $LiNi_{0.8}Co_{0.15}Al_{0.05}O_2$ 材料的应用，研究者们做了大量的改性研究。在煅烧过程中，通过对锂源的选取、合成工艺的精细控制，可以制备得到残碱量、悬浮液 pH 值低的 $LiNi_{0.8}Co_{0.15}Al_{0.05}O_2$。吴宇平教授课题组采用一种温和的方法对 $LiNi_{0.8}Co_{0.15}Al_{0.05}O_2$ 材料进行了表面 F 元素掺杂，掺杂后样品在 0.1C 电流密度下的可逆比容量高达 $220.5mA \cdot h \cdot g^{-1}$，并且循环 80 次之后可逆容量仍可保留 93.6%，这是得益于表面被 F 元素掺杂后，金属元素和 F 元素的结合取代了原来金属和 O 元素的结合，结合能增强，使得结构更稳定。{010}面可以提供更多的锂离子脱嵌的通道，因此，有研究者们利用 PVP 为模板以及表面活性剂通过水热法再结合固相法合成了 {010} 面暴露在外的层状 $LiNi_{0.8}Co_{0.15}Al_{0.05}O_2$ 材料，测试发现其倍率性能比普通合成的好。材料的形貌也会影响离子和电子的扩散，研究者们制备了具有微米/纳米结构的一维棒状形貌的 $LiNi_{0.8}Co_{0.15}Al_{0.05}O_2$，由很多纳米一次颗粒组成的微米级一维棒状形貌有效地提高了正极倍率性能，在电流密度 0.1C 时放电比容量为 $218mA \cdot h \cdot g^{-1}$，电流密度增加到 10C 时，放电比容量仍有 $115mA \cdot h \cdot g^{-1}$，而且由于其结构稳定，在室温以及高温环境的循环稳定性能也较好。南京大学陈延峰课题组采用原子层沉积技术在 $LiNi_{0.8}Co_{0.15}Al_{0.05}O_2$ 材料表面沉积厚度可控的 TiO_2 保护层，通过控制沉积的圈数达到控制 TiO_2 厚度的目的并利用透射电镜检测 TiO_2 的厚度，经检测发现沉积 138 圈后的材料具有优异的电化学性能，充放电循环 100 次之后放电容量为 $171.36mA \cdot h \cdot g^{-1}$，容量保留率为 90.21%，而与之相比，没有 TiO_2 保护层的原始材料容量保留率仅有 50.31%。

1.1.5.5　$Li[Ni_{1-x-y}Co_xMn_y]O_2$ 正极材料

层状结构的氧化物 $Li[Ni_{1-x-y}Co_xMn_y]O_2$ 作为锂离子电池主流的正极材料已经有将近 20 年的历史了。Ohzuku 等报道了 $LiNi_{1/2}Mn_{1/2}O_2$ 具有电化学充放电特性。但是，在这种结构中始终存在 8%～10% 的镍原子占据着锂原子层，严重堵塞了锂离子的扩散路径。将 Co 引入 $LiNi_xMn_{1-x}O_2$ 结构中，可以抑制过渡金属层中镍原子向锂原子层的迁移，增加材料的电子电导率，提高材料的结构稳定性。层状的 $Li[Ni_{1-x-y}Co_xMn_y]O_2$ 材料具有较高的放电容量、稳定的热力学性能，且价格较低，被研究者们认为是可以取代 $LiCoO_2$ 的第二代锂离子电池正极材料。

层状的 $Li[Ni_{1-x-y}Co_xMn_y]O_2$ 可以看作是 $LiCoO_2$、$LiNiO_2$ 和 $LiMnO_2$ 形成的固溶体，其结构构型属于 α-$NaFeO_2$ 型。其中，MO_2（M=Ni、Co、Mn）和 Li 层交替堆垛，Li 原子占据 3a 位置，Ni、Mn 和 Co 原子无序占据 3b 位置，O 原子占据 6c 位置。在这种结构中，由于 Li^+ 半径（0.076nm）和 Ni^{2+} 半径（0.069nm）相近，仍然存在着少量 Ni^{2+} 占据 Li^+ 的 3a 位置，Li^+ 进入主晶片占据 3b 位置，造成离子混排现象。XRD 谱图分析是公认的检测锂离子混排程度的方法。一般认为，$I(003)/I(004)$（峰强比）超过 1.2，且(006)/(102)和(018)/(110)两组衍射峰呈明显分裂时，离子混排较少，三元材料的层状结构保持较好。

在 $Li[Ni_{1-x-y}Co_xMn_y]O_2$ 中，各过渡金属离子作用各不相同。Mn 一般呈 +4 价，不参与 Li^+ 脱嵌，为非电化学活性元素，但其存在能对晶体结构起到支撑作用，为材料的结构稳定性和热稳定性提供保证。Mn 含量越高，材料结构稳定性也越高，因此目前开发的高电压三元材料都比较倾向于 Mn 含量高的镍钴锰酸锂。但 Mn 含量提高又会增大材料的极化，使其倍率性能变差，容量也降低。Co 呈 +3 价，有利于层状结构的形成，有效提高材料的结构完整性和规整度，进而直接影响材料的倍率性能和循环性能，这也是三元材料中价格较高的钴不可或缺的主要原因。Ni 大部分呈 +2 价存在，提供材料电化学活性。在相同电压下，Ni 含量越高，可逆比容量越高。但 Ni 含量高的材料也会导致锂镍混排，造成锂的析出，为了保持电中性，一部分 Ni 呈现 +3 价的形式，多余的 Li 在材料表面形成碳酸锂、氢氧化锂等可溶性盐，使得材料 pH 值升高，给材料的储存以及后续涂布工艺造成极大的困难。另外，这些锂盐不仅电化学非活性，而且在充放电过程中容易形成电池产气现象。根据 Ni、Co、Mn 三种元素含量的不同，常用的 $Li[Ni_{1-x-y}Co_xMn_y]O_2$ 有 $LiNi_{1/3}Co_{1/3}Mn_{1/3}O_2$、$LiNi_{0.5}Co_{0.2}Mn_{0.3}O_2$、$LiNi_{0.6}Co_{0.2}Mn_{0.2}O_2$。另外，$LiNi_{0.4}Co_{0.2}Mn_{0.4}O_2$ 和 $LiNi_{0.8}Co_{0.1}Mn_{0.1}O_2$ 也受到关注。这三种过渡金属的含量决定了材料的各项性能，材料的首次放电容量、倍率性能、循环稳定性能和热稳定性能等无法同时达到最优，需要根据具体使用范围而取舍。

为了推动 $Li[Ni_{1-x-y}Co_xMn_y]O_2$ 三元材料商业化发展，人们尝试了很多方法对材料进行改性，包括前驱体的合成、锂源的选择、烧结温度、烧结气氛、元素掺杂和表面物质包覆以及电解液添加剂等的优化。

前面介绍 $LiCoO_2$ 的合成可以用简单的固相法，但是 $Li[Ni_{1-x-y}Co_xMn_y]O_2$ 三元材料一般采用复杂的共沉淀法合成过渡金属氢氧化物前驱体（共沉淀反应装置如图 1-8 所示），然后再将前驱体与锂盐煅烧（合成路线如图 1-9 所示）。Fu 等采用镍钴锰的硫酸盐按照比例混合，一定量的 NaOH 作沉淀剂，借助聚

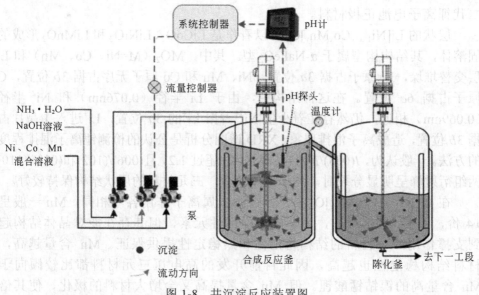

图 1-8　共沉淀反应装置图

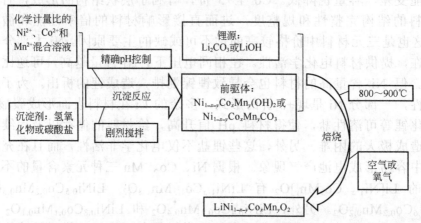

图 1-9　Li[Ni$_{1-x-y}$Co$_x$Mn$_y$]O$_2$ 合成路线图

乙烯吡咯烷酮的作用，先经沉淀合成了六边形的 Ni$_{1/3}$Co$_{1/3}$Mn$_{1/3}$(OH)$_2$，再与 LiOH 焙烧得到纳米六角形的单晶 LiNi$_{1/3}$Co$_{1/3}$Mn$_{1/3}$O$_2$ 材料。透射电镜检测表明，这种方法合成的材料大部分 {010} 面暴露在外，有助于获得良好的充放电性能。Noh 等采用可溶性的镍钴锰盐溶液配合沉淀剂 NaOH，在 N$_2$ 气氛保护中使 Mn^{2+} 免受氧化，研究搅拌速率、反应液 pH 值和氨水使用量对颗粒成分、尺寸和振实密度的影响。研究结果表明，pH=11，NH$_3$/MSO$_4$（M=Ni、Co、Mn）计量比是 0.8，搅拌速率为 1000 r/min 时，得到的氢氧化物前驱体颗粒均匀性最好。与锂源混合，经过 750℃焙烧后产物

$LiNi_{0.5}Co_{0.2}Mn_{0.3}O_2$ 的振实密度达到 2.6 g·cm^{-3}，0.1C 时首次放电容量达到 207mA·h·g^{-1}。Lee 等利用柠檬酸-溶胶凝胶法制备 $LiNi_{0.6}Co_{0.2}Mn_{0.2}O_2$ 材料，探讨了煅烧温度以及煅烧气氛氧分压对最终材料结构和电化学性能的影响。还有一些研究者们通过改进制备方法得到了棒状、中空、纳米花等特殊形貌的正极材料。

元素掺杂可以提高 $Li[Ni_{1-x-y}Co_xMn_y]O_2$ 三元材料的结构稳定性，扩张晶胞结构，为 Li$^+$ 来回脱嵌提供更大的通道，提高材料的大倍率充放电能力。Yuan 等探讨了分别采用 Li、Mg、Al 3 种元素掺杂对 $LiNi_{0.8}Co_{0.1}Mn_{0.1}O_2$ 性能的影响。研究发现，Mg 和 Al 掺杂会导致材料 $I(003)/I(104)$ 增大，阳离子混排度降低，层状结构稳定性提高。Mg 掺杂样品的首次放电容量略低于其他样品，但稳定性最佳。适当的 Na 掺杂 $LiNi_{0.5}Co_{0.2}Mn_{0.3}O_2$ 中的 Li 位，由于 Na$^+$ 半径大于 Li$^+$，扩大了 Li 层的层间距，提高了 Li$^+$ 在材料体相中的脱嵌速率，材料的倍率性能得到明显提高。Mg、Al、B 三元素共掺杂 $LiNi_{0.5}Co_{0.2}Mn_{0.3}O_2$ 后，明显提高了材料在高电压下的循环稳定性。未掺杂的材料在 4.5 V 截止电压循环 200 圈后容量保留率仅为 25%，而三元素共掺杂后，其容量保留率提升到了 80.4%。另外，掺杂后，材料的锂离子扩散速率从原始的 $4.63×10^{-10}cm^2·s^{-1}$ 提升到了 $2.21×10^{-9}cm^2·s^{-1}$，材料的倍率性能也有望提升。金属元素 Ti、Zn、Zr、Fe、V 等都可用来取代 $Li[Ni_{1-x-y}Co_xMn_y]O_2$ 三元材料中适当的过渡金属元素。此外，Yue 等采用 $LiNi_{0.6}Co_{0.2}Mn_{0.2}O_2$ 与 NH_4F 混合煅烧，制得 F 取代部分 O 的 $LiNi_{0.6}Co_{0.2}Mn_{0.2}O_{2-z}F_z(0≤z≤0.06)$，由于 F 的电负性比 O 大，形成了更稳定的 M—F 键，使得材料的稳定性得到很大程度的提高，材料的循环稳定性能得到改善。

$Li[Ni_{1-x-y}Co_xMn_y]O_2$ 正极材料在充放电循环过程中易与电解液发生反应，促使电解液分解以及正极材料本身结构塌陷，影响电池的高倍率充放电能力以及循环稳定性。表面包覆被认为是减少副反应、提高材料电化学性能和热稳定性的有效手段。表面包覆可以改变材料表面化学特性，抑制材料在充放电过程中晶型的转变，减少材料与电解液的直接接触，同时包覆层作为导电介质可以促进颗粒表面 Li$^+$ 扩散，提高电池倍率性能。Chen 等采用水热法在 $LiNi_{0.6}Co_{0.2}Mn_{0.2}O_2$ 表面包覆了一层纳米 TiO_2，并用 TEM 证实了包覆层的存在，并且包覆后没有破坏原材料六方晶系层状结构。电化学测试结果表明，材料的循环性能和倍率性能均得到改善。包覆 1%TiO_2 的样品在 1C 倍率循环 50 次后容量保留率为 88.7%，明显优于未包覆材料；在 5C 倍率下的放电容量（135.8mA·h·g^{-1}）也明显大于未包覆材料（85.4mA·h·g^{-1}）。利用原子层沉积技术在 $LiNi_{0.5}Co_{0.2}Mn_{0.3}O_2$ 表面沉积 4 层 Al_2O_3，其高倍透射电镜（HRTEM）图如图 1-10 所示，Al_2O_3 包覆层的厚度大约是 1.65nm。在

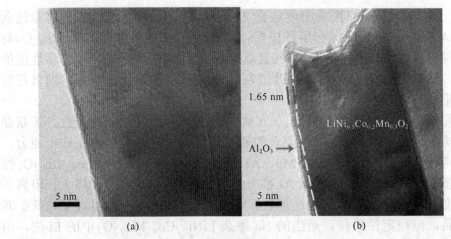

(a)   (b)

图 1-10　Al$_2$O$_3$ 包覆前后样品的 HRTEM 图

2～4.8V 电压范围,循环 30 圈后容量保留率从原始的 58.4%提升到了 76.8%。差热分析结果也表明,包覆后样品放热峰的起始温度向后推移,说明包覆材料具有更好的热稳定性。Cho 等证实了 Mn$_3$(PO$_4$)$_2$ 包覆 LiNi$_{0.6}$Co$_{0.2}$Mn$_{0.2}$O$_2$ 材料的界面阻抗明显减小,材料的倍率性能得到有效提升,在充放电过程中材料阻抗的增加也得到有效抑制。

1.1.5.6　其他锂离子电池正极材料

由于能源环境问题日益突出,锂离子电池的应用研究越来越多,有关其正极材料的研究也很多,除了上述几个体系外,还有聚阴型磷酸盐系的 Li-V-PO$_4$,硅酸盐系的 Li-Fe-SiO$_4$,钒酸系的 LiVO$_3$、LiV$_3$O$_8$,以及 S/Li$_2$S 等正极体系。

单斜的 Li$_3$V$_2$(PO$_4$)$_3$ 理论比容量为 197mA·h·g^{-1},具有较高的工作电压平台(约 4.0V),较高的能量密度,热稳定性好,安全性好。但是本体电子电导率低,导致纯的 Li$_3$V$_2$(PO$_4$)$_3$ 首次库仑效率低,倍率性能差,限制其在实际中的应用,通常需要采取适当的元素掺杂和表面包覆的方法对其进行改性。聚阴型 Li$_2$FeSiO$_4$ 材料与 LiFePO$_4$ 相比,Si—O 键比 P—O 键具有更强的作用力,使得 Li$_2$FeSiO$_4$ 结构稳定性更好;另外,理论上 Li$_2$FeSiO$_4$ 材料中允许可逆脱嵌两个锂离子,具有更高的理论比容量,约为 330mA·h·g^{-1}。实际充放电过程中,Li$_2$FeSiO$_4$ 中 Fe^{2+} 易氧化为 Fe^{3+} 生成 LiFeSiO$_4$,而 LiFeSiO$_4$ 中的 Fe^{3+} 很难氧化为 Fe^{4+},因此整个过程中只有一个锂离子的脱嵌,材料在 Li$_2$FeSiO$_4$ 和 LiFeSiO$_4$ 之间转换,只对应 Fe^{2+}/Fe^{3+} 的相互转换。LiV$_3$O$_8$ 的理论比容量高达 370mA·h·g^{-1},限制其实际应用的突出问题是其层状结构不稳定,容量衰减很快,材料循环稳定性不好,在 100mA·g^{-1} 条件下循环 100 次容量保留率仅为 53%左右。

以上介绍的都是嵌锂型锂离子电池正极材料,除此之外还存在非嵌锂型正极材料。这类材料一般不存在过充问题,比容量也比嵌锂型的材料高得多。Li-S 电池就是这一种高效的可逆锂离子电池。其理论比容量高达 1675mA·h·g^{-1},高于目前存在的任何一种嵌锂型锂离子电池正极材料。Li-S 电池的反应机理也与目前商业化的锂离子电池不同。反应过程是正极 S_8 与负极金属锂反应生成多硫化物 Li_2S_n,整个过程是由多种中间产物组成的多步反应。其中,长链状的中间产物如 Li_2S_8、Li_2S_6 等先产生,并在随后的反应中逐渐缩短,生成最终产物 Li_2S。虽然 Li-S 电池具有很高的能量密度,但仍存在着许多严重问题制约其实际应用。电极材料 S_8 本身和反应生成的中间产物 Li_2S_n 都是不导电的,造成材料的可逆性和倍率性能很差;中间产物 Li_2S_n 大部分可溶于电解液,产生穿梭效应,容量衰减迅速。不溶性的 Li_2S_2 或者 Li_2S 会覆盖在电极表面,严重阻碍电子传导,降低材料的倍率性能。目前,Li-S 电池的研究主要集中在两方面:一是将硫与碳材料或导电聚合物进行复合,提高硫的负载量以及电极材料的导电性;二是抑制中间产物的穿梭效应。

1.1.6 表征电池性能的重要参数

1.1.6.1 电动势（E）

电池的电动势即为电池标准电压或理论电压,是电池处于断路状态时正负极之间的电位差,即

$$E = \varphi_+ - \varphi_-$$

式中,E 为电动势;φ_+ 为处于热力学平衡状态时正极的电位;φ_- 为处于热力学平衡状态时负极的电位。

1.1.6.2 电池容量（Q）

电池的容量一般包括理论容量、额定容量和实际容量三种。

理论容量可根据活性物质的量来计算:

$$Q = \frac{nF}{M}$$

式中,n 为摩尔反应中得失的电子数;F 为法拉第常数;M 为电极活性材料的摩尔质量。

额定容量指在设计和生产电池时,规定或保证在特定的放电条件下电池应该放出的最低电量。实际容量即为在一定放电条件下,电池所能放出的电量。实际容量均小于理论容量。电池容量的大小,与电极上活性物质的活性和数量有关,与电池的制作工艺和电池结构设计有关,还与电池所处的工作

环境（放电温度、电流等）有关。

1.1.6.3　充放电倍率

电池的倍率可用来反映电池充满电或者放完电所需的时间长短，反映电池充放电过程使用的电流大小。例如：某电池额定容量为 30A·h，若用 3A 电流放电，则放完 30A·h 容量需 10h，也就是说以 10h 倍率放电，用符号 C/10 或 0.1C 表示。

一般根据放电倍率的大小将电池分为低倍率、中倍率、高倍率和超高倍率 4 类。当放电倍率小于 0.5C 时，称为低倍率；放电倍率为 0.5C～3.5C 时称为中倍率；放电倍率为 3.5C～7C 时称为高倍率；当放电倍率大于 7C 时为超高倍率。

1.1.6.4　比能量和比功率

电池的能量是指电池对外做的电功，是电池在一定条件下的放电容量与平均工作电压的乘积，单位为瓦时（W·h）。比能量有质量比能量（W·h·kg^{-1}）和体积比能量（W·h·dm^{-3}）两种表示方式，分别代表单位质量和单位体积电池所储存的能量，是表征电池续航性能的主要指标。

值得注意的是，电池堆的比能量与单体电池的比能量是不一样的，因为组成电池堆时加入了许多连接片、管理系统、包装层等，导致电池堆的比能量变小。

电池的功率是指电池在一定条件下，单位时间内输出的能量，单位为瓦（W）或千瓦（kW）。比功率同样有单位质量比功率（W·kg^{-1}）和单位体积比功率（W·dm^{-3}）两种表达方式。比功率反映的是电池可以以何种速率进行能量的输出。

1.1.6.5　库仑效率

电池的库仑效率（CE）也称为放电效率，反映电池电量的利用率，等于电池的放电容量除以同循环过程的充电容量，即

$$CE = \frac{Q_{放电}}{Q_{充电}}$$

造成充放电过程中库仑效率无法达到 100% 的因素很多，主要是活性材料的可逆性、SEI 膜的产生、电解质的分解等。

1.1.6.6　电池寿命

对于锂离子电池而言，电池寿命并不是到电池不能放出电量为止，而是指电池的放电容量下降到初始容量 80% 以下时的循环次数。在电池使用过程中，造成容量逐渐下降的因素很多，主要包括活性材料脱离集流体，导致

可利用的活性物质减少；活性材料因缺乏热稳定性和化学稳定性而分解；电极表面 SEI 膜的分解再生；电解质的副反应。

1.2 高温固相法制备正极材料

1.2.1 实验名称

高温固相法制备锂离子电池正极材料。

1.2.2 实验目的

1）掌握利用固相法制备锂离子电池正极前驱体的基本原理与操作步骤。
2）掌握程序控温管式炉的操作方法。

1.2.3 实验用品

设备：科晶 OTF-1200X 可控气氛管式炉、MSK-SFM-1 行星式球磨机、压片机、分析天平、刚玉舟、玛瑙研钵。

试剂：乙酸钴粉体、碳酸锂粉体。

1.2.4 实验原理

高温固相反应是将原料利用机械方法混合均匀并压片之后，在 600℃ 以上的高温条件下进行的反应，适用于制备热力学稳定的化合物。由于固相反应过程中发生反应的位点是在反应物之间的接触点上，是通过原料物原子或离子的扩散完成的，因此要求各反应物必须充分混合。

影响固相反应速率的主要因素：一是各固体原料间的接触面积；二是生成物的成核速率；三是相界面间的原子或离子扩散速率。一般可采用纳米化的方法增加反应物的比表面积和反应活性；采用充分研磨，或者选用低熔点的原料，增加反应物原料的混合程度。

采用碳酸锂和乙酸钴分别作为锂源和钴源，按照一定摩尔比充分混合，在空气气氛下经高温热处理制备钴酸锂正极材料，主要反应如下：

$$2C_4H_6CoO_4 \cdot 4H_2O + Li_2CO_3 + 17/2O_2 \longrightarrow 2LiCoO_2 + 9CO_2 + 14H_2O \quad (1-4)$$

由于锂盐容易挥发，所以在实际制备材料过程中会选择 $n(Li) : n(Co) =$

1.05∶1 的比例投入原料。

1.2.5 实验步骤

1）称取 3.99g（0.016mol）乙酸钴粉体，记录数据，放入球磨机中。

2）按照摩尔比 Li/Co=1.05 称取 0.62g（0.0084 mol）碳酸锂粉体，记录数据，置于球磨机中。

3）按照球料比 10∶1 在球磨机中放入约 45g 不同大小的玛瑙球，启动球磨机，按照 300r/min 速度球磨 2h。

4）球磨结束后称量混合粉体，在压片机中压片并装入刚玉舟，记录数据。

5）将刚玉舟缓慢推入管式炉正中间，通入空气。

6）设定控温程序：以 5℃·min^{-1} 的升温速率从室温升至 350℃；350℃保温 120min；以 5℃·min^{-1} 的升温速率从 350℃升至 800℃；800℃保温 300min；停止煅烧，随炉自然冷却。

7）冷却至室温后取出样品，在玛瑙研钵中磨细，称量煅烧后样品质量，记录数据，装入样品袋。

1.2.6 思考与讨论

1）计算钴酸锂产品的产率，分析样品烧失的原因。

2）如何确定样品的成核煅烧温度？通过什么样的表征手段可分析得出结论？

3）固相法制备材料的关键在于原料之间的混合程度，通过哪些方法可增加原物料之间的混合程度？

1.3 共沉淀法制备正极前驱体材料

1.3.1 实验名称

共沉淀法制备正极前驱体材料。

1.3.2 实验目的

1）掌握共沉淀法制备前驱体材料的基本实验方法和步骤。

2）掌握制备材料的化学共沉淀法原理。

3）以共沉淀的方法成功制备镍钴锰酸锂三元前驱体材料。

1.3.3 实验用品

设备：共沉淀反应釜、蠕动泵、分析天平、干燥箱、真空抽滤机。

试剂：分析纯硫酸镍、硫酸钴、硫酸锰、氨水、氢氧化钠、去离子水、氮气。

1.3.4 实验原理

锂离子电池正极材料是电池性能的决定性因素，常用的制备方法有固相合成法、共沉淀法、溶胶凝胶法、水热合成法等。

固相合成法是以镍钴锰和锂的氢氧化物或碳酸盐或氧化物为原料，按相应的物质的量配制混合，在 $700\sim1000℃$ 煅烧，得到产品。用该方法制备易导致原料微观分布不均匀，且由于煅烧温度高，煅烧时间长，能耗大，锂损失严重，难以控制化学计量比，产品在组成、结构、粒度分布等方面存在较大差异。

溶胶凝胶法是将原料溶液混合均匀，制成均匀的溶胶，并使之凝胶，在凝胶过程中或在凝胶后成型、干燥，然后煅烧得到粉体。该方法设备简单，过程易于控制，与传统固相法相比，具有较低的合成及烧结温度，可得到高化学均匀性的材料，但是合成周期较长，成本高，工业化生产的难度较大。

水热合成法是在高温高压的过饱和水溶液中进行化学合成的方法，属于湿化学合成的一种。利用该方法合成的粉末结晶度一般高，并且通过优化合成条件可以不含有任何结晶水，粉末的大小、均匀性、形状、成分可以得到严格的控制。但使用水热合成法制备的锂离子电池材料粉体循环性能不好。

共沉淀法是将原料以溶液状态混合，并向溶液中加入适当的沉淀剂，使溶液中已经混合均匀的各个组分按化学计量比共沉淀出来，洗涤干燥，再经过煅烧制备粉体。该方法可以使材料达到分子或原子程度化学计量比混合，易得到粒径小、混合均匀的前驱体，且最终煅烧温度较低，合成产物组分均匀，重现性好。对于锂离子电池正极材料，使用该方法可以获得球形形貌材料，有助于提升材料能量密度，目前工业上已规模生产。

1.3.5 实验步骤

本实验采用氢氧化物共沉淀法合成所需前驱体 $Ni_{0.6}Co_{0.2}Mn_{0.2}(OH)_2$。具体操作步骤如下：

1）按照镍、钴、锰的摩尔比为 6∶2∶2 的关系称取硫酸镍、硫酸钴、硫酸锰，用去离子水溶解后配制成 $2mol \cdot L^{-1}$ 的混合溶液，记录数据。

2）分别配制 $4mol \cdot L^{-1}$ 的 NaOH 溶液作为沉淀剂，$0.3mol \cdot L^{-1}$ 的氨水作为络合剂，混合均匀，记录数据。

3）用蠕动泵将过渡金属离子的混合溶液与 NaOH 和 $NH_3 \cdot H_2O$ 的混合溶液同时缓慢滴加入共沉淀反应釜中，保证反应釜在 55℃恒温，滴加过程中使用氮气作为保护气，并连续搅拌，控制滴加速度保证溶液 pH 值在 11.5 左右，记录数据。

4）滴加完成后，持续搅拌 2h，然后静置陈化 10h，记录数据。

5）过滤所得沉淀，并用热的去离子水反复洗涤沉淀至中性，在 80℃干燥箱中干燥 5h，研磨后得到所需的前驱体 $Ni_{0.6}Co_{0.2}Mn_{0.2}(OH)_2$，称量，记录数据。

1.3.6　思考与讨论

1）共沉淀过程中为什么要使用氮气作为保护气？

2）用 NaOH 作为沉淀剂时，什么金属会优先沉淀出来？为什么？

1.4　熔融盐法制备正极材料

1.4.1　实验名称

熔融盐法制备锂离子电池正极材料。

1.4.2　实验目的

1）掌握熔融盐法制备锂离子电池正极材料的基本步骤。

2）熟悉程序控温管式炉的操作方法。

3）掌握熔融盐法制备锂离子电池正极材料的基本原理。

1.4.3　实验用品

设备：分析天平、研钵、科晶 OTF-1200X 可控气氛管式炉、刚玉舟、烘箱。

试剂：乙酸钴、碳酸锂、氯化钠、氯化钾、氧气。

1.4.4　实验原理

熔融盐法制备材料的方法是由直接高温固相法演变而来的。高温固相反应过程中，各原料之间的混合程度严重影响反应后产物的结构及性能。因此，科学家们开发出能够在高温过程中促进物料之间的混合，提升各原子混合迁移速率的熔融盐法，即采用低熔点的盐与反应物混合均匀，一起经历高温煅烧，低熔点的盐会呈现熔体状，各反应物原子在熔体中进行扩散混合，继而完成高温反应，最终得到产物。利用熔融盐法可以控制产物的颗粒形状和尺寸，并且通过清洗高温反应之后的粉体，可去除杂质，获得纯度较高的产物。

1.4.5　实验步骤

1）称取 3.99g（0.016mol）乙酸钴粉体，放入研钵中，记录数据。

2）按照摩尔比 Li/Co=1.05 的比例称取 0.62g（0.0084mol）碳酸锂粉体，记录数据，置入研钵中。

3）称取 4g 氯化钠，放入研钵中，记录数据。

4）称取 4g 氯化钾，放入研钵中，记录数据。

5）认真研磨上述粉体 2h，混合均匀。

6）取出研磨后的粉体，称量后放入刚玉舟中，记录数据。

7）将装有混合粉体的刚玉舟缓慢推入可控气氛管式炉中，放入管堵，通入氧气。

8）设置煅烧程序：以 5℃·min^{-1} 的升温速率从室温升至 350℃；350℃保温 120min；以 5℃·min^{-1} 的升温速率从 350℃升至 800℃；800℃保温 300min；停止煅烧，随炉自然冷却。

9）待冷却至室温后，取出样品，称量，并将样品磨细，记录数据。

10）用热的去离子水清洗 3 次样品，去除熔融盐杂质。

11）在 80℃条件下烘干样品。

1.4.6　思考与讨论

1）计算钴酸锂产品的产率，分析样品烧失的原因。

2）选取熔融盐的依据是什么？

3）分析熔融盐法制备材料的优缺点。

1.5　材料粒度分析

1.5.1　实验名称

正极材料 $LiNi_{0.6}Co_{0.2}Mn_{0.2}O_2$ 粒度测试。

1.5.2　实验目的

1）掌握测试粉体粒度大小的原理。

2）了解影响粉体粒度测试结果的因素，熟悉测试粉体粒度大小的基本操作方法。

3）掌握粒度测试结果的数据处理与分析。

1.5.3　实验用品

设备：Winner2006 激光粒度仪。

试剂：无水乙醇、$LiNi_{0.6}Co_{0.2}Mn_{0.2}O_2$ 粉体。

1.5.4　实验原理

材料粒度大小及分布是粉体材料的重要特性之一，对材料的品质、加工工艺、结构及性能均有重要的影响。例如，催化剂的粒度与催化剂的表面积直接相关，改变粒度就可改变催化性能；常用的涂料的粒度直接影响涂饰效果以及表面的光泽度；水煤浆气化时，料浆的浓度及流动性与煤粉的粒度直接相关；等等。粉体粒度的测试方法有很多种，如显微镜观察法、沉降法、激光法、筛分法等，实际工作中常采用激光法进行测试，原因是激光法测试速度快、重复性高、操作方便等。

激光法测试材料粒度利用颗粒能够使激光产生衍射和散射的物理现象测量颗粒的粒度分布。激光本身具有极好的单色性和方向性，在没有阻碍时将会沿直线传播到无穷远的地方，且很少有发散的现象。当激光在传播路径中遇到颗粒阻挡时，一部分激光将会发生散射。把散射光的方向与原光束的方向形成的夹角记为 θ，材料颗粒的大小决定了这个 θ 角的大小，颗粒越大，则产生的散射 θ 角就越小，而该方向上散射光的强度与该粒径颗粒的数量有直接关系。利用光的强度、夹角 θ 以及颗粒直径进行复杂的计算，最后就可得到样品的粒度分布。

1.5.5　实验步骤

1）打开激光粒度仪电源开关，预热 20min。

2）运行粒径测试分析软件系统。

3）向样品池中倒入无水乙醇作为分散介质，液面需超过进水口上侧边缘，打开排水阀，当排水管有液体流出时关闭排水阀，开启循环泵直至系统中充满液体，再关闭循环泵。

4）点击"文件""新建"选择合适的路径（如果之前已建有文件位置，可跳过这一步），然后再点"文件""打开"找到刚才新建的文件夹打开。点击"设置""测试信息"，然后输入样品名称后点击"保存"。

5）打开循环泵，点"测试"按钮，然后在弹出框点击确定，进入基准测量状态；点击"刷新"，然后按"下一步"按钮，系统 10s 后自动进入测试状态。

6）软件自动到测试界面后，关闭循环泵和搅拌，抬起搅拌，将适量样品（根据遮光比控制加入样品的量）放入样品池中，也可以往样品池中加入相应的分散剂增加分散效果。

7）开启超声，选择适当的超声时间（一般为 1～10min，不同分散性质的样品，超声时间有差异）；启动搅拌器，并调节至适当的搅拌速度，将样品分散均匀。

8）启动循环泵，测试软件窗口显示测试数据，当数据稳定时，存储测试数据。

9）数据存储完毕，打开排水阀，被测液排放干净后关闭排水阀，加入清水或其他液体冲洗循环系统,重复冲洗至软件窗口无粒度分布显示时说明系统冲洗完毕；如果选用的介质是有机溶剂，一定要清洗掉粘在循环系统内壁上的油性物。

10）多次取样测量，取平均值作为最终结果。

11）关闭电源，用罩罩住仪器。

1.5.6　思考与讨论

1）试分析影响粒度测试结果的因素。

2）试分析颗粒粒度对正极材料电化学性能的影响。

1.6 材料密度分析

1.6.1 实验名称

正极材料 $LiNi_{0.6}Co_{0.2}Mn_{0.2}O_2$ 松装密度、振实密度和压实密度测试。

1.6.2 实验目的

1）掌握几种不同的粉体密度表达方式。
2）掌握常用的粉体密度表征原理及方法。
3）了解材料密度对于锂离子电池性能可能产生的影响。

1.6.3 实验用品

设备：BT301 振实密度仪、电子天平、对辊机、量筒、筛子。
试剂：$LiNi_{0.6}Co_{0.2}Mn_{0.2}O_2$ 粉体。

1.6.4 实验原理

常用来表征粉体密度大小的物理量有真密度、堆积密度、松装密度、振实密度等。真密度是指粉体在绝对压实的状态下单位体积的实际质量，此时应是除去粉体颗粒内部孔隙或者颗粒间隙后的密度。松装密度是指粉体在规定条件下自由充满标准容器后所测得的堆积密度，此时粉体处于松散填装的状态。振实密度又称为紧堆密度，是将一定量的粉体装入标准容器中后，在一定条件下经过规律振动，使得颗粒之间的空隙被压缩至无法再缩小的程度，即容器中粉体体积不再减小时，利用此时的体积计算出来的密度。

不同的粉体制备工艺会造成粉体最终颗粒大小、形状、表面粗糙度及粒度分布的不同，进而影响粉体的松装密度和振实密度。一般来说，粉体密度随着粉体颗粒尺寸的减小、颗粒非球状系数的增大以及表面粗糙度的增加而减小。在实际电池行业中，高的振实密度就意味着电池的大容量，为了提升活性材料粉体的振实密度，除了控制其球形颗粒的尺寸之外，还会考虑合理分级混合，以减小颗粒的间隙。

在动力锂离子电池设计过程中，材料压实密度是正负极活性物质的一个重要指标，压实密度与正负极极片比容量、效率、阻抗以及电池循环寿命有密切的关系。一般而言，活性材料的压实密度越大，电池的容量就能做得越高。

1.6.5 实验步骤

（1）粉体松装密度测试

1）过筛。将待测粉体通过 1.0mm 的筛子，去除块状粉体。

2）称量 20g 粉末试样，放入干燥的 25mL 量筒中，放置过程中不要按压粉体。

3）读取粉末体积，计算出粉末的松装密度。

4）重新取样，重复测试 3 次，取平均值作为粉体的松装密度。

（2）粉体振实密度测试

1）首先将量筒清洁干净，烘干，安装在振实密度仪上。

2）称量 20g $LiNi_{0.6}Co_{0.2}Mn_{0.2}O_2$ 粉体装入量筒，启动振实密度仪电源开始振动。

3）读取量筒中粉体体积，直至体积不再变化，关闭振实密度仪电源。

4）根据粉末的质量与最终体积，计算振实密度。

5）重新取样，重复测试 3 次，取平均值作为粉体的振实密度。

6）实验结束后，将振实密度仪上的量筒清洗干净，拔掉电源，清理桌面。

（3）粉体压实密度测试

在锂离子电池设计过程中，材料的压实密度=极片面密度/（极片辊压后的厚度-集流体的厚度），单位一般为 g/cm^3。其数值一般是通过上述压实密度的定义进行计算。

1.6.6 思考与讨论

1）粉体振实密度和松装密度的区别在哪？

2）在电池中，材料的振实密度、压实密度会影响电池的哪些指标？压实密度是不是越高越好？为什么？

1.7 材料物相分析

1.7.1 实验名称

锂离子电池正极 $LiNi_{0.6}Co_{0.2}Mn_{0.2}O_2$ 物相分析。

1.7.2 实验目的

1）了解 X 射线产生的条件。
2）掌握 X 射线衍射仪工作原理和组成。
3）掌握 XRD 制样的方法。
4）能熟练运用 Jade 软件对 XRD 图谱进行分析。

1.7.3 实验用品

设备：D2700 型 X 射线衍射仪、玛瑙研钵、筛子。
试剂：$LiNi_{0.6}Co_{0.2}Mn_{0.2}O_2$ 粉体。
本实验采用丹东方圆仪器有限公司的 D2700 型 X 射线衍射仪，主要由 X 射线发生器、X 射线测角仪、辐射探测器和辐射探测电路四部分组成。

1.7.4 实验原理

材料的相结构对于材料物理性能和化学性能均起着决定性作用。物相分析时，常利用 X 射线衍射的方法探测晶体晶格类型和晶胞常数，确定材料相结构。

X 射线本质是一种波长非常短（约 0.006～2nm）的电磁波，能穿透一定厚度的物质。当高速运动的电子撞击物质后，可与物质中的原子发生能量转移，损失的能量会通过两种形式释放出 X 射线：一种形式是高速的电子被减速，损失的能量以波长连续变化的 X 射线形式出现；另一种形式是高速的电子将物质中原子的内层电子轰出产生一个空位，外层电子跃入这个空位时，损失的能量以能够反映该物质特征的 X 射线形式放出，称为特征（或标识）X 射线。材料物相分析利用的就是特征 X 射线。

X 射线在晶体中产生的衍射现象，是晶体中各个原子中电子对 X 射线产生相干散射和相互干涉叠加或抵消而得到的结果。X 射线的波长与晶体晶面间距在一个数量级上，晶体可被用作 X 光的光栅，这些很大数目的粒子（原子、离子或分子）所产生的相干散射将会发生光的干涉作用，从而使得散射的 X 射线的强度增强或减弱。大量粒子散射波的叠加，互相干涉而产生的最大强度光束称为 X 射线的衍射线。

当一束单色 X 射线入射到晶体时，由于晶体是由原子规则排列成的晶胞组成，这些规则排列的原子间距离与入射 X 射线波长有相同数量级，故不同原子散射的 X 射线相互干涉，在某些特殊方向上产生强 X 射线衍射，衍射线在空间分布的方位和强度，与晶体结构密切相关，这就是 X 射线衍射的基本原理，如图 1-11 所示。

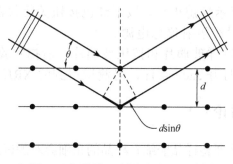

图 1-11　晶体 X 射线衍射示意图

衍射线空间方位与晶体结构的关系可用布拉格方程表示：

$$2d \sin \theta = n\lambda$$

式中，d 是晶体的晶面间距；θ 是 X 射线的衍射角；λ 是 X 射线的波长；n 是衍射级数。应用已知波长的 X 射线来测量 θ 角，从而计算出晶面间距 d 用于 X 射线结构分析；应用已知 d 的晶体来测量 θ 角，从而计算出特征 X 射线的波长，进而可根据已有资料查出试样中所含的元素。

每一种材料都有其特定的晶体结构，X 射线与物质的相互作用可以反映出许多物质内部的精细结构，利用 X 射线衍射图谱还可确定物质晶体的结构类型、晶胞体积等。

1.7.5　实验步骤

1）制备样品：将 $LiNi_{0.6}Co_{0.2}Mn_{0.2}O_2$ 粉体在玛瑙研钵中磨细，过 300 目（约 48μm）筛子；将试样玻璃片有凹槽的一面向上，放置在一张白纸上；将过筛后的粉体均匀布满到试样玻璃片的凹槽里，使用按压玻璃片匀力按压粉体（为避免择优取向应尽量轻压），应保证试样玻璃片立起来时粉体不会掉落，且粉体的平面与试样玻璃片在一个平面。

2）开机：打开仪器总电源；启动电脑；运行循环水装置，确认冷却水正常工作；按下衍射仪绿色按钮，打开主机开关；启动高压，逐渐提升高压，待稳定后再提高电流；将制备好的样品放入衍射仪样品台上；关闭衍射仪门。

3）测试：在电脑上启动操作软件；进入测试程序后，点击"测量""样品测量"，进入样品测量编辑命令界面；待仪器自检完成后，设定好控制参数，工作电压一般设 40kV，工作电流设 40mA，扫描范围为 $10°\sim80°$，步进角度选择 $0.02°$，采样时间设为 1s；点击"开始测量"；待数据采集结束后，数据自动保存在指定的文件里。

4）关机：当测试完所有样品后，点击控制界面的退出按钮；退出高压；待仪器顶部的高压指示灯熄灭后，按下红色按钮关闭仪器；10min 后关闭循环冷却水，关闭 X 射线衍射仪总电源。

5）清理：清洗试样玻璃片和按压玻璃片，清扫实验台。

6）数据处理：打开 Jade 软件，对测试得到的 XRD 图谱进行分析。

1.7.6　思考与讨论

1）制样时为什么要将样品磨细？样品的粗细会对测试结果产生哪些影响？

2）在衍射仪中 X 射线是靠 X 射线管发射出来的，请分析 X 射线管的工作原理。

3）X 射线图谱中衍射线宽化是由哪些因素引起的？

1.8　材料微观形貌分析

1.8.1　实验名称

锂离子电池正极材料 $LiNi_{0.6}Co_{0.2}Mn_{0.2}O_2$ 微观形貌分析。

1.8.2　实验目的

1）了解扫描电子显微镜的基本结构组成。

2）掌握扫描电子显微镜的工作原理。

3）熟悉扫描电子显微镜分析样品的基本操作。

4）熟悉扫描电子显微镜测试结果的分析与描述方法。

1.8.3 实验用品

设备：Nova Nano SEM 450 热场发射扫描电子显微镜。

试剂：$LiNi_{0.6}Co_{0.2}Mn_{0.2}O_2$ 粉体。

1.8.4 实验原理

材料的形貌分析包括外观形貌（如断口、磨损、裂缝等）、晶粒大小与形态、界面（表面、相界、晶界）。形貌分析对于理解材料的本质至关重要，比如在锂离子电池中，活性材料的形貌、颗粒大小会直接影响到锂离子和电子的传输路径，进而影响电池最终的电化学性能。

本实验采用扫描电子显微镜分析材料微观形貌，具有分辨率较高、放大倍数较高、景深很大且可与 X 射线能谱配合等优异特点。扫描电子显微镜（SEM）测试时使用的样品为块状或粉末颗粒，成像信号可以是二次电子、背散射电子或吸收电子。其中二次电子是最主要的成像信号。其工作原理可简单描述为"光栅扫描，逐点成像"，是用聚焦的电子束在试样表面逐点扫描成像。由电子枪发射的电子，以其交叉斑作为电子源，经二级聚光镜及物镜的缩小形成具有一定能量、一定束流强度和束斑直径的微细电子束，在扫描线圈驱动下，于试样表面按一定时间、空间顺序做栅网式扫描。聚焦电子束与试样相互作用，产生二次电子发射以及背散射电子等物理信号，二次电子发射量随试样表面形貌而变化。二次电子信号被探测器收集转换成电信号，经视频放大后输入到显像管栅极，调制与入射电子束同步扫描的显像管亮度，得到反映试样表面形貌的二次电子像，工作原理如图 1-12 所示。

扫描电子显微镜主要由电子光学系统、扫描系统、信号检测和放大系统、真空系统和电源系统五部分组成，扫描电子显微镜的结构如图 1-13 所示。

各组成部分主要作用简介如下。

（1）电子光学系统

扫描电镜的电子光学系统由电子枪、电磁透镜、光阑、样品室等部件组成，其作用是获得扫描电子束，作为信号的激发源。通常为了获得较高的信号强度和扫描像，必须保证由电子枪发射的电子束具有较高的亮度和尽可能小的束斑直径。经过长期的探索，电子枪经历了钨灯丝电子枪、六硼化镧电子枪和场发射电子枪三个阶段。前两种属于热发射电子枪，是靠电流加热钨丝或六硼化镧发射热电子，再利用强电场将电子加速为高能电子束；后一种属于冷发射电子枪，利用靠近曲率半径很小的阴极尖端附近的强电场，使得阴极尖端发射电子。三种电子枪的具体指标如表 1-3 所示，可以看出，场发

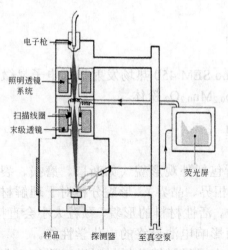

图 1-12 扫描电子显微镜的工作原理

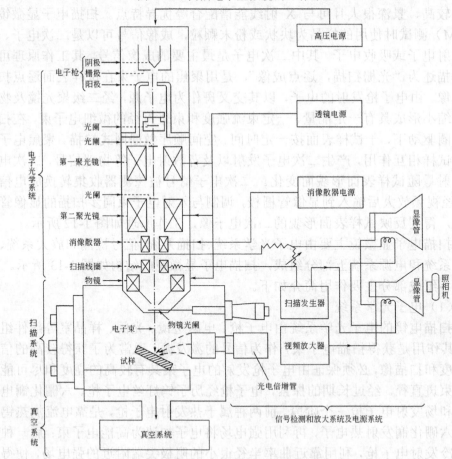

图 1-13 扫描电子显微镜的结构

射电子枪在电子束的亮度、寿命等方面均有明显优势。

表 1-3　三种电子枪的具体指标对比

项目	钨灯丝	六硼化镧	场发射
功函数/eV	4.5	2.4	4.5
温度/K	2700	1700	300
电流密度/A·cm^{-2}	5×10^4	1×10^6	1×10^{10}
交叉点尺寸/μm	50	10	<0.01
亮度/A·m^{-2}	10^9	5×10^{10}	1×10^{13}
能量分散/eV	3	5	0.3
电流稳定性/%·h^{-1}	<1	<1	5
真空度/Pa	10^{-2}	10^{-4}	10^{-8}
寿命/h	100	500	>1000

　　电子枪的束斑在经过电磁透镜的二级或三级聚焦之后会逐级缩小,因照射到样品上的电子束斑越小,其分辨率就越高。扫描电镜通常有三个磁透镜,前两个是强透镜,缩小束斑,第三个透镜是物镜,是弱透镜,焦距长,便于在样品室和聚光镜之间装入各种信号探测器。为了降低电子束的发散程度,每级磁透镜都装有光阑,扫描电子束的发散度主要取决于物镜光阑的半径与其至样品表面的距离之比;为了消除像散,一般需装有消像散器。

　　扫描电子显微镜景深比光学显微镜大,适合于观察表面粗糙的大尺寸样品,样品室可以做得很大,包含样品台和信号探测器,样品台还能使样品做平移运动。根据需要,现如今已经开发出含有各种功能的样品台,如高温、低温、半导体、冷冻切片等。

　　（2）扫描系统

　　扫描系统一般由扫描信号发生器、放大控制器等电子线路和相应的扫描线圈所组成。其作用是提供入射电子束在样品表面上以及阴极射线管电子束在荧光屏上的同步扫描信号。通过改变入射电子束在样品表面的扫描振幅,可以获得不同放大倍数的扫描图像。常用的扫描电镜的扫描光栅是正方形的,电子束在 x 方向和 y 方向的扫描总位移量是相等的。

　　（3）信号检测和放大系统

　　样品在入射电子作用下会产生各种物理信号,有二次电子、背散射电子、特征 X 射线、阴极荧光和透射电子。不同的物理信号要用不同类型的检测系统。它大致可分为三大类,即电子检测器、阴极荧光检测器和 X 射线检测器。信号检测器检测到所需信号之后,再经过视频放大,作为显像系统的调制信号。扫描电镜常用闪烁计数器作为信号检测器来检测样品发出的二次电子，这种检测系统具有很宽的频带和高的增益，且噪声很小。

（4）真空系统

高真空度的作用是保证电子光学系统正常工作，防止测试样品被污染。镜筒和样品室处于高真空下，一般不得高于 $1×10^{-2}Pa$，它由机械泵和分子涡轮泵来实现。开机后先由机械泵抽低真空，约20min后由分子涡轮泵抽真空，约几分钟后就能达到高真空度。此时才能放试样进行测试，在放试样或更换灯丝时，阀门会将镜筒部分、电子枪室和样品室分别隔开，这样保持镜筒部分真空不被破坏。

（5）电源系统

电源系统由稳压、稳流及相应的安全保护电路所组成，其作用是提供扫描电子显微镜各部分所需要的电源。

1.8.5 实验步骤

（1）制备样品

① 将 $LiNi_{0.6}Co_{0.2}Mn_{0.2}O_2$ 粉体轻微磨细。

② 将导电胶固定在样品台上，用牙签蘸取少量的粉末样品，粘在导电胶表面，并用洗耳球吹走多余样品。

③ 对样品进行镀金（若测试样品导电性良好则不需要镀金），镀膜厚度控制在 5～10nm 为宜。

（2）开机

① 开启电子交流稳压器，电压指示应为 220V。

② 开启试样室真空开关，开启试样室准备状态开关。

③ 开启控制柜电源开关。

（3）测试

① 开启样品室进气阀开关，放真空，将样品台放入样品室后将样品室进气阀关闭，开始抽真空。

② 打开电脑工作软件，加高压至 5kV。

③ 将图像选区开关拨至全屏，调节显示器对比度、亮度至适当位置，调节聚焦旋钮至图像清晰，放大图像选区至所需要的倍数状态，消去 x 方向和 y 方向的像散，选择适当的扫描速率观察图像。

④ 根据测试需求进行拍照记录，保存图像。

（4）关机

① 关闭高压，逆时针调节显示器对比度、亮度到底。

② 关闭镜筒真空隔阀排气，打开样品室，取出样品台。

③ 关闭电脑软件和主机，关闭主机电源开关。

④ 关闭真空开关。

⑤ 清理桌面，做好仪器使用记录。

1.8.6　思考与讨论

1）简要说明扫描电子显微镜基本结构和工作原理。

2）通过实验，你发现扫描电镜有哪些特点？

3）试分析电子束与样品相互作用后产生哪些信号？为什么这次实验要选择二次电子作为检测信号？

1.9　材料烧结过程热分析

1.9.1　实验名称

锂离子电池正极材料 $LiNi_{0.6}Co_{0.2}Mn_{0.2}O_2$ 烧结过程热分析。

1.9.2　实验目的

1）掌握热分析的原理与应用。

2）掌握热重-差热分析仪器操作方法。

3）学会热分析图谱的解释。

4）熟悉运用热分析技术判断正极材料烧结温度。

1.9.3　实验用品

设备：DTG-60AH 热重-差热分析仪、氧化铝坩埚。

试剂：前驱体 $Ni_{0.6}Co_{0.2}Mn_{0.2}(OH)_2$ 粉末、氢氧化锂。

1.9.4　实验原理

热分析是在程序控制温度下，测量物质的物理性质和温度关系的一类技术。所谓的"程序控制温度"是指在一定的速率加热或冷却，所谓的"物理性质"包括了物质的质量、晶型转变、热焓、电学性质、磁学性质等。在所有热分析技术中，热重法（TG）、差热分析（DTA）以及差式扫描量热分析

（DSC）的应用最为广泛。

热重法（thermalgravimetry，TG）是通过在一定程序控制温度下，测量样品质量与温度关系的一种技术，表达式为：

$$m = f(T)$$

热重法记录的是热重曲线，简称 TG 曲线，使用的是热天平，记录的是质量和温度的函数关系。以物质的质量 m（或剩余百分数）为纵坐标，从上向下代表质量的减少；以温度（T）或时间（t）为横坐标，从左向右代表增加。热天平是根据天平横梁的倾斜与物质质量变化的关系进行测定的。只要物质在受热过程中发生质量的变化，就可以用热重法来研究这种变化过程。其应用大致可分为：a.分析样品热分解具体反应过程；b.研究固体与气体、固体与固体之间的反应历程；c.利用热分解或蒸发、升华等分析固体混合物。在分析时，有时也会用微商热重曲线（DTG 曲线），它是 TG 曲线对温度（或时间）的一阶导数，即采用 dW/dt 为纵坐标，温度或时间为横坐标。可以精确获得样品的起始反应温度、达到最大反应速率的温度以及反应终止温度；利用 DTG 的峰面积与样品对应的质量变化成正比的原理，可精确进行定量分析；能方便地为反应动力学计算提供反应速率（dW/dt）数据。

差热分析（differential thermal analysis，DTA）是在程序控制温度下，测量试样与参比物之间的温度差与温度关系的一种技术，其中参比物必须是在测量气氛及温度范围内不发生任何热效应的物质。其基本原理是把待测样品和参比物放置在同样的气氛条件下，同时进行加热或冷却，在此过程中，待测样品在某一特定的温度下会发生物理化学反应，产生热效应变化，即待测样品的温度在某一区间会变化，与程序控制的温度不一致，而参比物在整个过程中始终不发生热效应，其温度始终与程序控制的温度一致。这样，在参比物与待测物两侧就有一个温度差，利用某种方法把温度差记录下来，以试样与参比物的温度差（ΔT）为纵坐标（向上表示放热，向下表示吸热），以程序温度（T）为横坐标，就得到了差热曲线。再对差热曲线进行分析，可以研究样品结晶转变、二级转变、熔融、蒸发等相变过程，可用于试样分解、氧化还原、固相反应等的研究。

差式扫描量热分析（differential scaning calarmeutry，DSC）是对差热分析的一种改变，通过对待测样品因热效应而发生的能量变化进行及时补偿，保持样品与参比物之间温度始终相同，无温差、无热传递。简而言之，是在程序控温下，测量物质和参比物之间的能量差随温度变化关系的技术，是以温度为横坐标，以样品与参比物之间温度差为零所需供给的热量为纵坐标所得的曲线。DSC 可用于定量分析。

在实际热分析实验过程中，升温速率、炉内气氛、热天平灵敏度、样品粒度、样品用量等都会对测试结果产生影响。

1.9.5 实验步骤

1）称取化学计量比的前驱体 $Ni_{0.6}Co_{0.2}Mn_{0.2}(OH)_2$ 粉末和 LiOH 粉末，混合均匀。

2）打开仪器电源开关，开启计算机，运行程序，预热 10min。

3）打开冷却水，打开空气气阀。

4）将氧化铝坩埚放置在样品架上，对 TG 清零。

5）称取混合粉体 3mg，放入氧化铝坩埚中，放入样品架上，对 DTA 清零。

6）设定程序，升温速率为 $5℃·min^{-1}$，最高温设置为 1000℃；输入混合粉体质量，将数据存储到文件夹内。

7）启动测试程序，开始测试。

8）测试完成后，切断电源。

9）根据数据绘制曲线，进行分析处理。

1.9.6 思考与讨论

1）根据数据曲线，分析前驱体 $Ni_{0.6}Co_{0.2}Mn_{0.2}(OH)_2$ 和 LiOH 的反应历程，确定各反应温度。

2）如何判断反应是放热还是吸热？为什么在加热过程中，即使样品没有发生变化，差热曲线仍然会出现较大的漂移？

3）使用 $Ni_{0.6}Co_{0.2}Mn_{0.2}(OH)_2$ 和 LiOH 制备镍钴锰酸锂正极材料的煅烧温度应选择多少？

1.10 软包锂离子电池制作

1.10.1 实验名称

软包锂离子电池制作。

1.10.2 实验目的

1）掌握锂离子电池正负极极片的主要成分及制备方法。

2）熟悉涂布、辊压等工艺操作方法。

3）掌握扣式锂离子电池组装工艺。

4）掌握软包锂离子电池制备工艺流程。

1.10.3 实验用品

设备：搅拌机、涂布机、辊压机、分切机、手套箱。

试剂：$LiNi_{0.6}Co_{0.2}Mn_{0.2}O_2$ 粉体、导电炭黑、聚偏氟乙烯、N-甲基-2-吡咯烷酮、石墨、SBR、CMC、铝箔、铜箔、电解液、隔膜。

1.10.4 实验原理

锂离子电池从外形上看可以分为圆柱形、纽扣形、方形，无论是哪一种外形，其主要组成单元都是正极、负极、隔膜、电解液、外壳及其他安全装置。

锂离子电池的正极和负极主要由各自活性物质、导电剂、黏结剂和集流体组成；电解液是在正负极之间起传导作用的离子导体，一般是碳酸酯类物质为溶剂、锂盐为溶质组成的混合溶液；隔膜使正负极分隔开，防止两极接触而产生短路，同时也作为离子传输通道，常用高强度薄膜化的聚烯烃多孔膜。单体锂离子电池的制备工艺流程如图 1-14 所示。

1.10.4.1 极片制造

采用 $LiNi_{0.6}Co_{0.2}Mn_{0.2}O_2$ 为正极活性物质的正极片，采用石墨为负极活性物质的负极片。

（1）制备黏结剂

正极活性物质 $LiNi_{0.6}Co_{0.2}Mn_{0.2}O_2$ 极易与水发生反应，制备正极极片时需要使用非水性的溶剂以及黏结剂。一般采用聚偏氟乙烯（PVDF）作为黏结剂，使用 N-甲基-2-吡咯烷酮（NMP）为溶剂。将 PVDF 和 NMP 按照一定比例置于混合设备中，真空搅拌，使得 PVDF 均匀分布在 NMP 中，制成黏结剂溶液。负极活性物质为石墨，可以直接使用水溶液制作黏结剂，一般选择 SBR 和 CMC 作为黏结剂，去离子水作为溶剂。

（2）浆料制备

制备正负极浆料之前，需要对正负极活性物质和导电剂（本实验选择导电炭黑）进行烘干处理，除去其中的水分。然后将活性物质、导电剂和黏结剂按一定比例混合均匀，置于混合设备内搅拌成一定黏度的浆料，即为制浆过程，如图 1-15 所示。好的浆料必须要满足均匀性好、分散性好、稳定性好、黏度适中、固含量较高（可降低后续涂布烘干时的能耗）等特点。

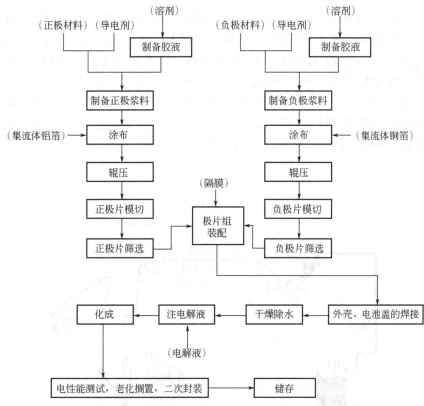

图 1-14　单体锂离子电池的制备工艺流程

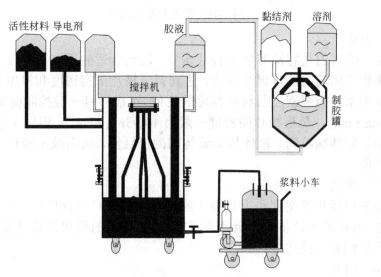

图 1-15　浆料制备工艺简图

（3）涂布

涂布是将制备好的正负极浆料均匀地涂覆在金属集流体的表面，并慢速烘干，获得正负极极片的过程。正极选择铝箔（厚度为 16μm）作为集流体，负极选择铜箔（厚度为 9μm）作为集流体。这是因为铜在高电位下容易氧化，铝在低电位下容易与锂形成合金。工业上一般采用转移涂布的办法，即涂辊转动带动浆料，通过调整刮刀间隙来调节浆料转移量，并利用背辊与涂辊的相对转动将浆料转移到集流体上，带有浆料的集流体再通过多段烘箱加热蒸发掉其中的溶剂。涂布机结构原理如图 1-16 所示。

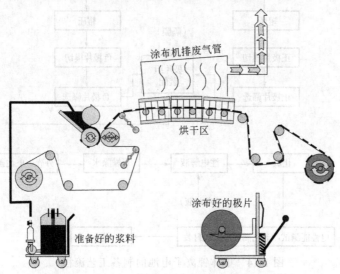

图 1-16　涂布机结构原理

（4）辊压

辊压的目的是将涂布后的极片压实，达到合适的厚度和密度。通过调节两个压辊之间的间隙以调节压力，达到调节极片压实密度和厚度的目的。极片的压实密度为面密度与材料厚度的比值。正极材料一般控制面密度大约为 $25.16\text{mg}\cdot\text{cm}^{-2}$，负极极片面密度一般为 $10.95\text{mg}\cdot\text{cm}^{-2}$。辊压工艺主要的目的是增加粉体颗粒间、粉体与集流体间的接触性，从而减小极化损失，提升电池性能。

（5）模切

根据母极片卷宽度和正负极片的尺寸，用分切机将母极片分切成 4 个小极片卷，再用模切设备对小极片卷进行模切。常用的模切方式包括刀模冲切、五金模切和激光模切等。

（6）储存

模切后的极片尚未转入下一道工序，需要置于真空干燥箱中保存，防止极片吸水，破坏活性材料的结构。

1.10.4.2 单体电堆装配

单体电池装配即将正、负极片用隔膜折叠起来，组成极片组，多个极片组并联，形成电堆。

将正极片和负极片分别分成若干组，各组的数量按照目标容量设计的要求来确定，然后利用叠片设备或夹具使极片和隔膜按照"隔膜-正极片-隔膜-负极片"的顺序反复 Z 形堆叠对齐，形成极片组。极片组的最外侧用隔膜包裹。之后采用微短路测试设备测量正负极之间的绝缘电阻，符合要求的极片组转入下一道工序或者置于真空干燥箱中保存。

1.10.4.3 单体电堆封装

将叠好的极片组放入电池壳中，利用焊接的方式完成极耳、电池壳、盖等部件的连接。测试两个极柱之间、正负极柱与客体之间的电阻，绝缘电阻合格的进入下一道工序。

1.10.4.4 注电解液

注电解液前需要将电池在真空干燥箱中加热至完全干燥状态；注电解液过程必须在低露点环境下完成（一般选择在充满氩气的手套箱中）；注电解液完成后马上将电池封口；搁置一段时间，确保电解液充分浸润各组件。

1.10.4.5 化成

此阶段的作用主要是检测产品性能，分出等级。在规定温度下，采用小电流将组装后的电池预充电并进行充放电循环，使得电池正负极活性物质被激发，形成稳定、均匀的 SEI 膜。同时通过充放电检测，将电池按容量进行分级（因工艺原因，使得最终组装的电池的实际容量不可能完全一致）。

1.10.5 实验步骤

1）按照质量比 8∶1∶1 的配比称量 $LiNi_{0.6}Co_{0.2}Mn_{0.2}O_2$ 粉体、导电炭黑和 PVDF，先将 PVDF 和一定量的 NMP 混合置于搅拌釜中，真空搅拌 1h，再加入称量好的 $LiNi_{0.6}Co_{0.2}Mn_{0.2}O_2$ 粉体和导电炭黑，继续搅拌 2h 直至形成具有一定黏度的拉丝状的浆料，此为正极浆料。采用石墨为活性材料，SBR 和 CMC 为黏结剂，去离子水为溶剂，用同样的方法制备负极浆料。

2）涂布。先打开真空涂膜机的真空开关，铺上铝箔，让铝箔吸附在涂膜机的作业平台上。将刮刀的刀口缝隙调节为 150μm，放置在铝箔的起始端，再将混合好的正极浆料放入刮刀的刀口下方，保证在涂覆过程中的物料充足。打开涂布开关，涂布机自动将混合物料涂布到铝箔上。采用铜箔作为集流体，用同样的方法制备负极极片。

3）干燥。将涂布好的铝箔及铜箔放置通风橱中 10min 后，放入真空干燥箱中在 120℃温度下干燥 1h。

4）辊压。将干燥后铝箔进行辊压，第一次辊压厚度为 0.1mm，第二次辊压厚度为 0.07mm。负极极片可选择辊压厚度大约 0.05mm。

5）模切。进行模切，每 10 个正极极片可制备一个软包电池。切好的极片放入真空干燥箱中再次干燥。

6）铝塑膜成型。对电池的铝塑外壳进行冲压，铝塑外壳的胶面向上保证封口时胶面熔融粘接，冲压深度可根据制备电池的容量而定。

7）叠片。

8）将叠片好的电芯在超声波电焊机下焊接，正极极片焊接铝极耳，负极极片焊接镍极耳。

9）将焊接有极耳的电芯装入成型的铝塑外壳中，使用顶侧热封机进行顶侧热封。

10）注液静置。从电池侧面注入电解液，在真空静置箱中静置 1min，使电解液中的气泡在负压下排出。

11）将含有电解液的电池放入真空封口机中进行封口密封，密封完成后将电池静置 10min，完成电池制备。

1.10.6　思考与讨论

1）制备正极浆料过程中面临的最大挑战是什么？

2）为什么电池在整个组装过程中要严格控制水分？

3）试分析金属硬壳的方形电池与铝塑外壳的软包电池在性能上会有什么不同？

1.11　扣式锂离子电池制作

1.11.1　实验名称

扣式锂离子电池制作。

1.11.2 实验目的

1）了解扣式锂离子电池基本结构组成。
2）掌握扣式锂离子电池组装工艺。

1.11.3 实验用品

设备：手套箱、切片机、扣式电池封口机、电子天平、万用表、真空干燥箱。

材料：正极片、锂片、隔膜、正极壳、负极壳、垫片、弹簧片、电解液。

1.11.4 实验原理

实验室一般常用扣式锂离子电池来评估正负极材料的电化学性能，是一种半电池。采用待分析测试的材料为正极活性物质，制备成正极浆料并涂覆在铝箔上当作正极极片；负极极片直接使用锂片，正负极之间滴加电解液并用隔膜隔开，用电池壳封装后即可。

扣式锂离子电池在装配时一般采取从下到上的顺序，依次为正极壳、正极片、电解液、隔膜、锂片、垫片、弹簧片和负极壳。隔膜一般采用 Celgard 系列产品并冲压成小圆片，其直径略大于正负极极片，防止正负极直接接触。垫片和弹簧片是为了保证电池密封完好并且各部件接触良好。

按照外壳尺寸大小，将扣式电池分为 CR2032、CR2025、CR2016 等。其中，字母 C 代表扣式电池系列，R 代表圆形，前两位数字代表直径（单位 mm），后两位数字代表厚度（数字×0.1mm）。

扣式电池正负极浆料、正负极极片的制备流程与软包电池的相同，在辊压好极片之后，采用冲压机将极片裁切成圆片大小（需保证圆片无毛刺、毛边）。

1.11.5 实验步骤

1）用切片机将制作好的 $LiNi_{0.6}Co_{0.2}Mn_{0.2}O_2$ 正极极片冲压成圆片，置于 105℃真空干燥箱中，干燥 2h。

2）称量正极圆片以及空白铝箔圆片，计算圆片上活性物质 $LiNi_{0.6}Co_{0.2}Mn_{0.2}O_2$ 的质量。再次烘干极片。

3）将烘干的正极片、隔膜、电池壳等相关部件通过手套箱小过渡舱转移至手套箱中。手套箱中水分和氧含量需保证 $0.01×10^{-6}$ 以下。

4）用镊子夹住正极壳平放于手套箱台面上，开口向上。

5）用镊子小心夹取正极片（力度合适，不要刮掉粉体或弯折极片）置于正极壳正中间，保证极片涂布层向上。

6）用移液枪往极片上滴加约 60μL 常规电解液。

7）用镊子小心夹取隔膜放置于正极片上。整个过程中要保证正极片处于正极壳中间。

8）用镊子夹取锂片放置于隔膜上，使锂片与正极片刚好相对。

9）用镊子依次夹取垫片、弹簧片放置于锂片上方。

10）用镊子夹取负极壳，开口向下，对齐后放入正极壳里。

11）使用扣式电池封口机将电池冲压封装。

12）利用过渡舱转移出扣式电池，用万用表测量，剔除电压不合格的电池。

1.11.6　思考与讨论

1）组装过程中可以采取哪些措施防止内部短路？

2）组装电池时需要控制电解液用量，电解液用量的多少对电池性能会产生哪些影响？

1.12　锂离子电池电化学性能分析

1.12.1　实验名称

锂离子电池综合电化学性能测试与分析。

1.12.2　实验目的

1）掌握锂离子电池充放电系统操作使用方法。

2）掌握锂离子电池循环寿命、倍率性能测试方法。

3）掌握电化学数据的处理方法。

4）学会使用 Origin 处理、绘制数据曲线图。

1.12.3　实验用品

设备：电池充放电测试设备（CA2001T）。

材料：组装好的电池。

1.12.4 实验原理

将电极材料当作活性物质组装成电池后，需要对其进行充放电测试评价电化学性能。充电时采用恒定的电流充至某一上限电压，再采用恒压充电直至截止电流。放电方法通常采用恒流的方法放电至截止电压（终止电压）。

常规进行测试的电化学性能包括容量、循环寿命、倍率性能和高低温性能等。利用充放电测试系统可以直接测出一定条件下电池的充放电容量，再结合电池内部活性物质的质量，可得到活性材料克容量。循环寿命指在一定测试条件下，电池容量下降至初始容量的80%之前所经历的循环次数，在实验室通常会选择用1C的电流密度来测试循环寿命。倍率测试可以反映电池大电流充放电性能，以不同倍率对电池进行充放电，测试其容量保留率。倍率越大，电池内部极化损失越严重，电池容量越小。高低温性能是将电池放置在高温（55℃）、低温（-20℃）条件下测试得到的充放电性能。

1.12.5 实验步骤

1）将组装好的锂离子电池放置在电池充放电测试设备的夹具上，注意电池的正、负极不要夹反。

2）启动计算机，打开电池充放电测试设备电源开关。

3）打开测试软件，系统会自动检查联机。

4）输入电池测试电压范围、计算好的电流大小以及活性物质质量，测试电化学性能。

以下以 $LiNi_{0.6}Co_{0.2}Mn_{0.2}O_2$ 为正极材料组装好的扣式锂离子电池为例，简述电化学性能测试流程。

电池充放电容量测试：

1）将电池安装在测试夹具上，打开测试软件，确保联机成功。

2）点击启动按钮，设定测试参数：

① 以 0.2C 倍率电流恒流充电至上限电压 4.3V，然后恒压充电至截止电流为 0.05C；

② 静置 5min；

③ 以 0.2C 倍率电流恒流放电至终止电压 2.8V；

④ 停止。

3）点击"活性物质参数"，输入活性物质质量（注意系统默认单位是mg）。

4）点击开始测试，待测试完成后导出数据，绘制充放电曲线。

电池循环性能测试：

1）将电池安装在测试夹具上，打开测试软件，确保联机成功。

2）点击启动按钮，设定测试参数：

① 以 0.1C 倍率电流恒流充电至上限电压 4.3V，然后恒压充电至截止电流为 0.05C；

② 以 0.1C 倍率电流恒流放电至终止电压 2.8V；

③ 静置 5min；

④ 以 1C 倍率电流恒流充电至上限电压 4.3V，然后恒压充电至截止电流为 0.05C；

⑤ 以 1C 倍率电流恒流放电至终止电压 2.8V；

⑥ 静置 5min；

⑦ 重复步骤④~⑥ 200 次；

⑧ 停止。

3）点击"活性物质参数"，输入活性物质质量（注意系统默认单位是mg）。

4）开始测试，待测试完成后导出数据，处理数据，绘制循环曲线，计算容量保留率。

电池倍率性能测试（0.2C、0.5C、1C、3C 各循环 5 次）：

1）将电池安装在测试夹具上，打开测试软件，确保联机成功。

2）点击启动按钮，设定测试参数：

① 以 0.1C 倍率电流恒流充电至上限电压 4.3V，然后恒压充电至截止电流为 0.05C；

② 以 0.1C 倍率电流恒流放电至终止电压 2.8V；

③ 静置 5min；

④ 以 0.2C 倍率电流恒流充电至上限电压 4.3V，然后恒压充电至截止电流为 0.05C；

⑤ 以 0.2C 倍率电流恒流放电至终止电压 2.8V；

⑥ 静置 5min；

⑦ 重复步骤④~⑥ 5 次；

⑧ 以 0.5C 倍率电流恒流充电至上限电压 4.3V，然后恒压充电至截止电流为 0.05C；

⑨ 以 0.5C 倍率电流恒流放电至终止电压 2.8V；

⑩ 静置 5min；

⑪ 重复步骤⑧~⑩ 5 次；

⑫ 以 1C 倍率电流恒流充电至上限电压 4.3V，然后恒压充电至截止电流为 0.05C；

⑬ 以 1C 倍率电流恒流放电至终止电压 2.8V；

⑭ 静置 5min；

⑮ 重复步骤⑫～⑭ 5 次；

⑯ 以 3C 倍率电流恒流充电至上限电压 4.3V，然后恒压充电至截止电流为 0.05C；

⑰ 以 3C 倍率电流恒流放电至终止电压 2.8V；

⑱ 静置 5min；

⑲ 重复步骤⑯～⑱ 5 次；

⑳ 停止。

3）点击"活性物质参数"，输入活性物质质量（注意系统默认单位是mg）。

4）点击开始测试，待测试完成后导出数据，处理数据，绘制倍率性能曲线，计算各倍率条件下容量保留率。

1.12.6 思考与讨论

1）为什么放电倍率越大，电池放电容量越小？

2）影响电池循环寿命的因素有哪些？我们在组装电池时应该注意哪些？

3）电池的倍率性能在实际使用中对应的是什么意思？

第2章
燃料电池

2.1 燃料电池简介

2.1.1 燃料电池概述

人类对燃料电池的研究已经有近 200 年的历史。燃料电池是一种将燃料的化学能直接转化为电能的装置。W. Ostwald 于 1894 年提出，如果化学反应通过热能做功，则能量转换效率会受到卡诺循环限制，整个过程的能量转换效率不可能大于 50%。而燃料电池作为能量装置，不以热机形式工作，电池反应的能量转换等温进行，整个过程的能量转换效率不受卡诺循环限制，燃料中的化学能可以直接转变为电能，效率可达 50%~80%。另外，燃料电池作为一种清洁的能源装置，对环境不构成污染，燃料的来源也非常广泛。

燃料电池有多种分类方式，按照工作温度划分为低温（25~100℃）、中温（100~500℃）、高温（500~1000℃）和超高温（>1000℃）形式。研究者们常常根据其电解质类型进行划分，包括碱性燃料电池（AFC）、质子交换膜燃料电池（PEMFC）、磷酸燃料电池（PAFC）、固体氧化物燃料电池（SOFC）和熔融碳酸盐燃料电池（MCFC）。

2.1.1.1 碱性燃料电池

碱性燃料电池是以 KOH 溶液为电解液的燃料电池。其中，浓 KOH 溶液既是电解液，又是冷却剂，最主要的作用是从阴极向阳极传递 OH。这类电池的工作温度较低，一般为 80～200℃，但是很容易与 CO_2 发生反应。

2.1.1.2 质子交换膜燃料电池

质子交换膜燃料电池是所有燃料电池中工作温度最低的，一般为 50～100℃。电解质是一种可传导质子的固体有机膜。需要贵金属铂作催化剂，实际制作时，将铂分散在炭黑中，再涂在固体膜表面。

2.1.1.3 磷酸燃料电池

磷酸燃料电池的工作温度一般在 200℃ 左右，其电解质通常储存在多孔材料中，承担从阴极向阳极传递 OH 的作用。此类燃料电池也需要贵金属铂作催化剂。

2.1.1.4 固体氧化物燃料电池

固体氧化物燃料电池使用的电解质一般是氧化钇稳定的氧化锆，是一种高温燃料电池，其电极和连接体通常都是陶瓷材料。

2.1.1.5 熔融碳酸盐燃料电池

熔融碳酸盐燃料电池使用碳酸盐作为电解质，通过从阴极到阳极传递碳酸根离子来完成物质和电荷的传递。需要不断向阴极补充 CO_2 以维持碳酸根离子连续传递过程，CO_2 再从阳极释放出来。熔融碳酸盐燃料电池也是一种高温电池，工作温度一般为 650℃。

不同类型燃料电池的基本情况如表 2-1 所示。

表 2-1 燃料电池的基本情况

类型	工作温度/℃	燃料	氧化剂	单电池发电效率（理论）/%	单电池发电效率（实际）/%	可能的应用领域
碱性燃料电池	50～200	纯 H_2	纯 O_2	83	40	航天、特殊地面应用
质子交换膜燃料电池	室温到 100	H_2、重整氢	空气、O_2	83	40	空间、电动车、潜艇、移动电源
磷酸燃料电池	100～200	甲烷、天然气、H_2	空气、O_2	80	55	区域性供电
熔融碳酸盐燃料电池	650～700	甲烷、天然气、煤气、H_2	空气、O_2	78	55～65	区域性供电
固体氧化物燃料电池	600～1000	甲烷、天然气、煤气、H_2	空气、O_2	73	60～65	空间、潜艇、区域性供电、联合发电

2.1.2　固体氧化物燃料电池工作原理

燃料电池实际上是一个复杂的系统，由多个单元组成，主要有燃料预处理单元、燃料电池单元、直流/交流变换单元和热管理单元。

燃料预处理单元的作用是将燃料转化为电池系统可以使用的状态。如果燃料是纯氢气，可以直接使用，但对于纯氢气以外的燃料，则必须经过重整变换。目前常用的重整方法有两种，即外重整和内重整。外重整是将燃料预处理为所需燃料后再通入电池系统内部；内重整是直接向系统输入燃料，将重整与电池系统结合为一体，利用系统的余热进行热处理。

燃料电池单元是能量转化核心部分，将燃料的化学能转化为电能，由若干单体电池串联堆叠而成。该单元除电池本体外，还包括燃料气和氧化剂的循环、水/热管理、电流/电源控制等辅助设备。

直流/交流变换单元也称为逆变单元，主要作用是实现电池系统输出的直流电向交流电的转变，还可以过滤和调节输出的电流和电压，确保系统安全、高效运行。

热管理单元可对电池系统产生的热量进行综合管理，如大规模的燃料电池发电厂可设计为热电联供系统。

固体氧化物燃料电池（SOFC）是将化学能直接转化为电能的全固体组件的能量转换装置，主要由阴极、电解质、阳极、连接板和密封材料组成。SOFC 的工作原理如图 2-1 所示，燃料和氧气（空气）分别从系统阳极和阴极侧进入，氧化剂在多孔的阴极上发生还原反应，生成氧离子：

$$阴极反应 \qquad O_2(g) + 4e^- \longrightarrow 2O^{2-} \qquad (2\text{-}1)$$

若电解质是氧离子型的，在电极两侧氧浓度差的驱动下，阴极侧的氧离子会通过电解质迁移到阳极上，与阳极侧燃料发生反应：

$$阳极反应（燃料为 H_2 时）\quad H_2 + O^{2-} \longrightarrow H_2O + 2e^- \qquad (2\text{-}2)$$

$$阳极反应（燃料为 CO 时）\quad CO + O^{2-} \longrightarrow CO_2 + 2e^- \qquad (2\text{-}3)$$

$$总反应（燃料为 H_2 时）\qquad 2H_2 + O_2 \longrightarrow 2H_2O \qquad (2\text{-}4)$$

$$总反应（燃料为 CO 时）\qquad 2CO + O_2 \longrightarrow 2CO_2 \qquad (2\text{-}5)$$

需要注意的是，按照电解质的离子传导性质不同，SOFC 有氧离子导电型和质子导电型两种类型，可以分别看成是氧浓差电池和氢浓差电池。二者主要区别是生成水的位置不一样，氧离子导电型的 SOFC 在阳极侧（燃料侧）生成水，而质子导电型的 SOFC 在阴极侧（氧化剂侧）生成水。此外，质子导电型的 SOFC 只能用氢气作为燃料，氧离子导电型的 SOFC 还可以用烃类化合物作为燃料。

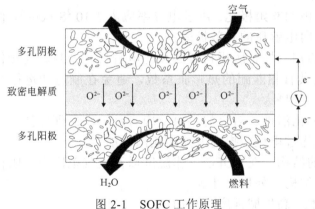

图 2-1　SOFC 工作原理

2.1.3　固体氧化物燃料电池阴极材料简介

单体固体氧化物燃料电池是一种由致密的电解质、多孔的阳极和阴极组成的三明治结构。阴极是 SOFC 中重要组成部分，其主要作用是吸附氧气分子，并将氧化剂氧气转化为氧离子（O^{2-}），发生氧的还原反应（ORR）。大量研究证明，这一氧还原过程发生在氧气、电子和氧离子接触的三相界面处。反应过程涉及氧气分子向氧离子的还原转化、氧离子从阴极向电解质的扩散以及氧离子向电解质晶格上的跳跃。氧气在阴极上的还原过程大致包含以下三个途径：

1）氧气分子吸附在阴极材料表面并解离成氧原子，然后接受从电解质传来的电子，形成氧离子。由于 SOFC 使用的电解质具有很低的电子电导率，电子不易通过电解质传导，所以这种途径对氧的还原反应的贡献很低。

2）氧气分子从气相主体中扩散至阴极材料表面并发生吸附，然后分解成氧原子，氧原子通过阴极表面扩散到阴极-电解质-空气三相界面，在三相界面处接受电子还原成氧离子，然后再扩散至电解质中。

3）氧气分子从气相主体中扩散至阴极表面并发生吸附，然后解离成氧原子，在阴极表面接受电子还原成氧离子，先经表面扩散至三相界面或是电极-电解质界面再扩散到电解质，这个反应途径可以认为是三相界面的延伸，将反应的区域由电极-电解质-空气的三相界面向电极-电解质界面的内部延伸。该反应途径的贡献主要取决于阴极材料的氧离子电导率。

SOFC 阴极材料最基本的选择要求如下：

1）足够的孔隙率。孔隙率高，就可提供更多的氧气反应活性位点，提供更多的三相界面，降低扩散阻抗。

2）足够高的离子和电子电导率。电子电导率应大于 $100S \cdot cm^{-1}$，降低反应过程中阴极的欧姆极化；离子电导率应大于$10^{-2}\mathrm{S \cdot cm^{-1}}$，保证氧还原产物（氧离子）向电解质的有效扩散。

3）良好的相容性。阴极材料必须与电解质、密封、连接体等材料在化学上相容以及具有相匹配的热膨胀系数，避免在制造和运行过程中出现裂缝、性能退化等现象。

4）高的催化活性。对氧的还原反应有足够高的催化活性，降低阴极上电化学活化极化过电位，提高电池的输出性能。

5）稳定的结构。在 SOFC 工作温度以及氧气范围内，阴极材料必须保持稳定的晶形结构、外形尺寸等。

6）低成本、高机械强度、易加工。

最开始使用的阴极材料是一些贵金属，如金、银、铂等，价格昂贵，到 20 世纪 70 年代后期被钙钛矿结构氧化物所取代。钙钛矿氧化物的通式为 ABO_3，A 位一般是稀土和碱土金属元素，配位数是 12；B 位一般是过渡金属元素，配位数是 6。理想的 ABO_3 为立方体结构，A 位离子位于立方体顶点，B 位离子位于立方体的体心，氧离子位于立方体的面心。其中，A 位、B 位的离子半径和氧离子半径应满足如下关系式：

$$r_A + r_O = \sqrt{2}(r_B + r_O) \tag{2-6}$$

式中，r_A、r_B 和 r_O 分别代表 A 位、B 位和氧的有效离子半径。实际上，A、B 位离子半径的相对大小往往会偏离式（2-6）的要求，这时引入了容限因子 t（tolerance factor）来衡量偏离程度的大小：

$$t = \frac{r_A + r_O}{\sqrt{2}(r_B + r_O)} \tag{2-7}$$

当 $t=1$ 时为理想的简单立方结构，$0.77 < t < 1.1$ 时仍能保持钙钛矿结构，超出此范围时，材料结构将发生改变。根据 t 偏离 1 的程度，可分为立方、正交、四方、菱形等晶形结构。因此，一般通过对 A 位或 B 位离子进行掺杂或者制造离子缺陷的方式来调控钙钛矿材料的物理和电化学性能。

除此之外，还有一些双层钙钛矿材料以及类钙钛矿结构材料（A_2BO_4），如图 2-2 所示。SOFC 中最常用的是 $LaCoO_3$、$LaFeO_3$、$LaMnO_3$、$LaCrO_3$ 掺杂其他金属元素之后形成的阴极材料。

1）锰酸镧基钙钛矿阴极材料　锰酸镧（$LaMnO_3$）基钙钛矿材料是通过氧离子空位导电的 P 型半导体，是最为传统，也是目前最为成熟的 SOFC 阴极材料，常用在以氧化钇稳定的氧化锆（YSZ）为电解质的高温（$800 \sim 1000$℃）SOFC 中。在高温条件下，其具有较好的导电性能和催化活性。由于 $LaMnO_3$ 是靠氧离子空位导电的，$LaMnO_3$ 的氧表面交换系数（k）和氧扩

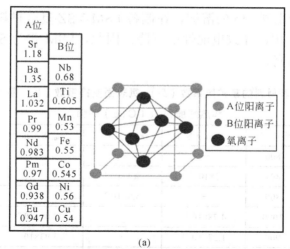

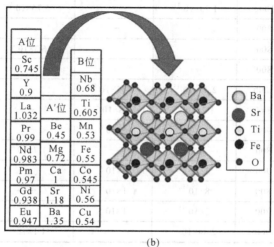

图 2-2　钙钛矿结构氧化物（a）和双钙钛矿结构氧化物（b）常用元素及半径

散系数（D）决定了阴极上的还原动力学过程。研究发现，当用 Ca^{2+}、Sr^{2+}、Cr^{2+}、Ba^{2+} 等低价阳离子掺杂 A 位 La^{3+} 时，会形成更多的氧离子空位，提高电导率。目前应用最多的是 Sr^{2+} 掺杂的氧化物 $La_{1-x}Sr_xMnO_3$（LSM）。表 2-2 总结了一些 LSM 的氧扩散系数等数值，综合考虑，掺杂 x 值一般取 0.1～0.3。由于掺杂的 $LaMnO_3$ 具有更高的电导率、高的电催化活性及良好的稳定性，且与电解质 YSZ 具有相匹配的热膨胀系数，因此掺杂的 $LaMnO_3$ 具有重要的研究意义。Shimada 等采用喷雾热解法制备了 LSM-YSZ 复合材料，并研究了这种纳米颗粒复合材料作为 SOFC 阴极的可行性。当使用 LSM-YSZ 为阴极材料制作阴极支撑型 SOFC 后，在 800℃ 条件下获得最大输出功率 $2.65W \cdot cm^{-2}$，并且可以在 800℃ 条件下稳定运行 250h。但是掺杂的 $LaMnO_3$

在较高温度下会出现 Mn 的溶解，在制备 LSM-YSZ 复合材料时，两者还可能出现 $La_2Zr_2O_7$ 相，导致电池性能下降。因此，LSM 作为 SOFC 阴极材料还需要进一步研究。

表 2-2 某些 LSM 基材料的氧扩散系数（D）、氧表面交换系数（k）、氧离子电导率（σ_{ion}）和热膨胀系数（CTE）数值

材料组成	温度/℃	$D/cm^2 \cdot S^{-1}$	$k/cm \cdot S^{-1}$	$\sigma_{ion}/S \cdot cm^{-1}$	CTE $\times 10^{-6}/K^{-1}$
LaMnO₃	800	—	—	—	12.5
	897	2×10^{-13}	7.7×10^{-8}		
La₀.₉Sr₀.₁MnO₃	800	—	5.9×10^{-8}		11.2
	1000	4.78×10^{-12}	—	2.09×10^{-6}	
La₀.₈Sr₀.₂MnO₃	900	1.27×10^{-12}		5.93×10^{-7}	12
	1000	1.33×10^{-11}		5.76×10^{-6}	
La₀.₆Sr₀.₄MnO₃	800				12.7
La₀.₇Sr₀.₃MnO₃	800			6.3×10^{-4}	11.7
La₀.₈₄Sr₀.₁₆MnO₃	800				1.62
La₀.₉₂MnO₃	1000	2.45×10^{-13}	7.45×10^{-8}	—	—
La₀.₉MnO₃	897	1.2×10^{-13}	4.8×10^{-8}		
La₀.₆₅Sr₀.₃₅MnO₃	900	4×10^{-14}	5×10^{-8}		
	800			1.7×10^{-4}	
La₀.₅Sr₀.₅MnO₃	900	3×10^{-12}	9×10^{-8}		
	800	8×10^{-14}	1×10^{-7}		
	700	2×10^{-15}	1×10^{-8}		
La₀.₉₅Sr₀.₀₅MnO₃	900	2.44×10^{-13}		1.1×10^{-7}	

2）含钴钙钛矿（LSM）阴极材料　LSM 阴极材料在中低温下电导率较差，当电池温度降到 500℃后，LSM 的催化活性迅速下降，界面极化电阻高达 $2000\Omega \cdot cm^2$。因此，LSM 材料并不适合中低温 SOFC 使用。钴酸镧与锰酸镧结构相似，且与锰离子相比，钴离子更容易被还原，钴酸镧比锰酸镧具有更高的氧离子电导率及电子电导率。Rehman 等使用自制的碳纳米管（CNT）为模板，通过电沉积方法将 La、Co 的金属氢氧化物沉积到 CNT 上，然后再通过热处理（约 900℃）制备了纳米纤维状的 $LaCoO_3$（LCO），制备过程如图 2-3 所示。该方法避免了高温煅烧过程中 $La_2Zr_2O_7$ 相的形成，以氧化铈基材料为电解质、以纳米纤维状的 LCO 为阴极的 SOFC 在 800℃条件下获得 $1.27W \cdot cm^{-2}$ 的能量密度。但是钴酸镧在氧气环境下的稳定性不如锰酸镧，而且钴酸镧的热膨胀系数比锰酸镧大，不适合与电解质 YSZ 配合使

用。为了解决这些问题，研究者们常用 Fe、Sr 等元素掺杂取代部分 Co，性能如表 2-3 所列。Zhang 等利用第一性原理及热力学相图计算分析了 LaCoO$_3$ 和 La$_{1-x}$Sr$_x$CoO$_3$ 体系材料中电子结构、表面原子结构以及表面稳定性的差异，发现 Sr 离子更加倾向于取代表层晶面中的 La 离子。A 位掺杂的 La$_{1-x}$Sr$_x$CoO$_3$（LSC）混合电导率是 LSM 的 5～10 倍。且 LSC 具有非常高的氧表面交换系数，因而是最有希望的中低温 SOFC 阴极材料。但是这一类材料的力学性能较差，需要进一步提高。

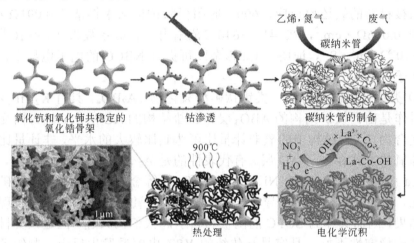

图 2-3　纳米纤维状 LCO 的制备机理

表 2-3　标准钙钛矿型材料的电子传导速率（σ_e）、离子传导速率（σ_{ion}）和热膨胀系数（CTE）

阴极材料	σ_e/S·cm^{-1}	σ_{ion}/S·cm^{-1}	CTE/10^{-6} K^{-1}
La$_{1-x}$Sr$_x$MnO$_3$	130～300	5.93×10^{-7}	11～13
La$_{1-x}$Sr$_x$CoO$_3$	1200～1600	0.22	19～20
La$_{1-x}$Sr$_x$FeO$_3$	129～369	0.205～（5.6×10^{-3}）	12.2～16.3
La$_{1-x}$Sr$_x$Co$_{1-y}$Fe$_y$O$_3$	87～1050	0.058～（8×10^{-3}）	14.8～21.4
Pr$_{1-x}$Sr$_x$Co$_{1-y}$Fe$_y$O$_3$	76～950	（1.5×10^{-3}）～（4.4×10^{-5}）	12.8～21.3
Sm$_{0.5}$Sr$_{0.5}$CoO$_3$	>1000	—	20.5
LaNi$_{0.6}$Fe$_{0.4}$O$_3$	580	—	11.4

3）双钙钛矿阴极材料　与钙钛矿结构相比，双钙钛矿材料具有更高的氧表面交换系数和氧扩散系数。性能较好的双层钙钛矿结构材料的通式为 LnBaMO$_{5+\delta}$（Ln = Pr、Nd、Sm、Gd，M = Co、Fe、Ni、Cu 等）。Taskin 等对比了 A 位无序的 ABO$_3$ 钙钛矿与 A 位 Ln^{3+} 和 Ba^{2+} 有序的双钙钛矿材料的氧扩散能力，结果得出双钙钛矿材料的离子扩散速率比 ABO$_3$ 钙钛矿材料提升了几个数量级，如 PrBaCo$_2$O$_{5+\delta}$ 在 300～500℃范围内的氧扩散系数约为

$10^{-5}cm^2 \cdot s^{-1}$、氧表面交换系数约为 $10^{-3}\ cm \cdot s^{-1}$，好的表面交换动力学特性意味着该类材料具有高的催化活性。Kim 课题组人员研究了 $NdBaCo_2O_{5+\delta}$（NBCO）系列双钙钛矿材料，发现部分 Sr 掺杂取代元素 Ba 时，可以提高材料的电子电导率以及氧还原反应速率。但是在电池运行过程中易造成元素的偏析，形成 $BaCO_3$、$SrCO_3$ 等晶型，造成材料结构不稳定。后期研究发现，利用小尺寸的元素掺杂 NBCO 的 A 位可以减少元素的偏析现象，提高材料表面稳定性。Ca 元素掺杂制备的 $NdBa_{1-x}Ca_xCo_2O_{5+\delta}$（NBCaCO）有效地改善了阴极材料的氧还原反应，600℃时阴极阻抗值从未掺杂的 $0.091\Omega \cdot cm^{-2}$ 降低到 $0.066\Omega \cdot cm^{-2}$，在 413～648℃范围内氧扩散系数为（$9.9\times10^{-10}$）～（$4.37\times10^{-8}$）$cm^2 \cdot s^{-1}$，证明了 Ca 掺杂既可提升 NBCO 的电子电导率，也可提高离子扩散能力。

4）类钙钛矿阴极材料　类钙钛矿型氧化物（A_2BO_4）具有 K_2NiF_4 结构，可以看作是由钙钛矿结构的 ABO_3 层和岩盐结构的 AO 层沿 c 轴方向交叠而成的复合物，这种结构中的氧非计量比可达到比较大的水平，非计量比的氧以间隙氧的方式存在于 AO 层。有代表性的是 $A_{2-x}Sr_xBO_4$ 系列氧化物，其中 A 为 La 系稀土元素，B 为 Ni、Co、Fe 和 Cu 等金属。与 ABO_3 钙钛矿氧化物相比，A_2BO_4 型材料在电导率、热膨胀系数、氧传递速率等方面表现出较好的结果，因而其作为 SOFC 的阴极材料引起人们的兴趣。但是该类材料本身的结构稳定性不好，且容易与传统的 YSZ 电解质发生反应，制约了其进一步发展。目前的研究主要在于对该类材料 A、B 位进行掺杂或替代。

2.1.4　固体氧化物燃料电池阳极材料简介

阳极也被称为燃料电极，在 SOFC 中提供燃料气发生电化学氧化的场所，同时起到转移反应产生的电子和离子的作用。因此阳极材料的选择必须具备以下基本要求：

1）在还原气氛和 SOFC 工作温度范围内，保持结构、外形尺寸和化学上的稳定，不会发生破坏性相变。

2）具备足够高的电子电导率和离子电导率，使反应产生的电子和离子顺利转移，减小电极反应的欧姆损失及极化损失。

3）有足够高的孔隙率保证燃料快速扩散，减小浓差极化电阻。

4）在工作温度范围内与其他组件之间化学相容性良好、热膨胀系数相匹配。

5）对燃料气的电化学反应具有高的催化氧化反应活性。

6）具有一定的机械强度、韧性、低成本和易加工等特点。

根据以上的要求，仅有部分金属和少数陶瓷材料可供选择作为 SOFC 的阳极。但是纯的金属不能传导离子，电化学反应只能在阳极和电解质界面处发生，而且金属在高温下易烧结，降低催化活性，所以一般不用纯金属材料作为阳极使用。

1）金属陶瓷复合阳极材料　金属陶瓷复合阳极材料是将具有燃料催化活性的金属分散在陶瓷电解质材料中得到的，既可保证金属的高催化活性和电子电导，又可利用陶瓷材料的离子电导性能；同时，与电解质的同性成分较多，改善了热膨胀系数的不匹配性问题。在所有金属中，Ni 的催化活性和导电性在燃料还原气氛中较高，且原料充足、成本较低，因此 Ni 是常用的阳极材料。通常采用 Ni 与高氧离子电导率的电解质 YSZ 复合制成多孔的 Ni/YSZ 金属陶瓷复合阳极材料。在这种复合阳极中，金属 Ni 粒子主要提供燃料的电化学催化活性以及电子流的通道；YSZ 陶瓷相主要起结构方面的作用，保持阳极的多孔性以及金属 Ni 颗粒的分散性，同时由于 YSZ 具有高的氧离子传导能力，使电化学反应区域由阳极与电解质的界面扩展到阳极中所有的电解质、阳极和燃料气体的三相界面处，增加了反应活性区域的有效面积，可显著提高电化学性能。其缺点是复合阳极的性能受混合物种 Ni 含量的影响较大。当混合物中 Ni 的体积分数低于 30%时，离子电导占主导地位；超过 30%时，电子电导占主导，电导率可增加 3 个数量级以上，电池欧姆阻抗可减小，但此时电导率随温度增加而下降。此外，当 Ni 含量增大时，复合阳极的热膨胀系数会增大。综合考虑复合阳极各方面性能，一般选取 Ni 的体积分数为 35%。Ni/YSZ 复合阳极对于纯氢气的氧化具有很强的催化活性，但是当燃料是甲烷等烃类气体时，就会在电极表面出现积炭现象，影响电极活性，导致电池性能下降，甚至会堵塞燃料通道，使电池不能正常工作。通过甲烷和水蒸气的重整反应生成富氢气体，可以缓解烃类气体带来的危害，但是由于重整反应是一个吸热反应，进行重整时会对电池内部造成较大的温度梯度，严重时会导致电池部件断裂。目前人们正在积极寻找可以直接催化烃类气体的新型阳极材料。另外，金属 Cu 的催化活性没有 Ni 高，可以减弱甲烷生成炭的反应，成为一种很好的抗积炭添加物。用 Cu 来代替复合阳极中的 Ni，制备 $Cu/CeO_2/YSZ$ 复合阳极材料，有效地缓解了积炭现象。然而由于 Cu 的催化活性不够高，其电池性能也并不很理想。

2）钙钛矿氧化物阳极材料　某些掺杂的钙钛矿氧化物具有离子和电子导电特性，同时对燃料的氧化具有一定的催化作用。在这类材料中性能比较突出的有 $LaCrO_3$ 和 $SrTiO_3$ 基钙钛矿材料。将与氧配位数较小的金属（如 Mn、Co、Fe、Ni 等）引入 $LaCrO_3$ 晶格 B 位中，有助于提升其在高温下的催化还原能力。Tao 等报道了以 $La_{0.75}Sr_{0.25}Cr_{0.5}Fe_{0.5}O_{3-\delta}$ 为阳极材料制备的

SOFC 在 900℃、燃料气为 CH_4 和 O_2（摩尔比为 1 : 2）时，CH_4 转化率达到 96%。有研究者采用一系列 $La_xSr_xCr_{1-y}Fe_yO_{3-\delta}$（$x = 0.1$，0.15，0.2；$y = 0$，0.3，0.5）组装 SOFC 单电池，以不同的 CH_4 混合气体[CH_4（0.3%，体积分数）/He；CH_4（3%，体积分数）/He；CH_4（3%，体积分数）/H_2S（150×10^{-6}）/ He] 为燃料研究阳极对燃料的催化氧化性能，结果发现该类氧化物可以释放晶格氧，促进中低温下燃料的氧化转化，其中 $La_{0.9}Sr_{0.1}Cr_{0.7}Fe_{0.3}O_{3-\delta}$ 表现出优异的催化性能。

2.1.5 固体氧化物燃料电池电解质材料简介

电解质是 SOFC 的重要组成部分，其主要作用是分隔燃料与氧化剂，并在两电极之间传导离子。良好的电解质材料必须具备以下特征：

1）较高的离子导电性和较低的电子导电性。在氧化和还原气氛以及工作温度范围内，电解质都要有足够高的离子电导率和低得可以忽略的电子电导率。

2）良好的致密性。彻底阻隔氧气和燃料气的相互渗透。

3）与相邻的阴极、阳极材料具有相匹配的热膨胀系数，防止由于温度改变引起的开裂、变形。

4）良好的化学相容性。在工作温度和气氛下，与阴极、阳极材料之间无化学反应。

5）机械强度高、易加工、成本低。

随着 SOFC 研究的深入，先后出现了许多类型的固体电解质材料，具有优良性能的材料主要有氧化锆基（ZrO_2）、氧化铈基（CeO_2）和镓酸镧基（$LaGaO_3$）电解质。

1）氧化锆基（ZrO_2）电解质材料　纯 ZrO_2 在常温下属于单斜晶系结构，在 1100℃时不可逆地转变为四方晶系结构，当温度为 2370℃时转变为立方萤石型结构，从单斜到四方晶系之间的转变会引起很大的体积变化，易造成基体的开裂。因此，纯 ZrO_2 难以做成致密的实体。另外，纯 ZrO_2 离子电导率很低。为了保持晶形稳定和提高离子电导率，目前常用的工艺是采用三价的钇掺杂 ZrO_2，形成氧化钇稳定的氧化锆（YSZ）。当用三价的金属离子取代部分 Zr^{4+} 后，为了保持电中性，会产生一定数量的氧空位，这些氧空位有助于改善氧离子的传导性能。在 YSZ 体系中，随着氧化钇掺杂浓度的增加，晶格中的氧空位数量也在增加，有利于提高氧离子电导率；但是，随着掺杂浓度的增加，每个氧空位的活性呈现下降趋势。综合考虑这两方面，一般选择氧化钇掺杂的摩尔分数为 8%。YSZ 电解质的优点是几乎没有电子电导、在氧化和还原气氛下均呈现很好的稳定性、易烧结制成薄膜、可满足不同电池设计要求，主要缺点是氧离子电导率偏低，必须在高温（约1000℃）下操作，温度降低，其电导率会急剧下降。

2）氧化铈基（CeO_2）电解质材料　与纯ZrO_2不同的是，纯CeO_2从室温至熔点都是立方萤石型结构。掺杂的CeO_2离子电导率普遍高于YSZ，尤其在中低温下，比YSZ电解质高几倍乃至几个数量级，因此掺杂的CeO_2比较适合用作中低温SOFC的电解质材料。采用二价碱土元素（如Ca^{2+}）和三价稀土元素（如Gd^{3+}、Sm^{3+}、Y^{3+}等）对CeO_2进行掺杂后，为了保持电中性，在基体结构中会产生一定量的氧空位，提高基体氧离子电导率。掺杂CeO_2基电解质的氧离子电导率随着掺杂离子半径的增大而增大，直至某一最大值，其后又随着掺杂离子半径的继续增加而呈下降趋势（由于过多的氧空位会发生缺陷缔合使有效氧空位载流子浓度降低）。在所有研究中，Sm掺杂的CeO_2（SDC）和Gd掺杂的CeO_2（GDC）表现出优异的离子电导率，且掺杂物质的量应控制在10%～20%之间。

然而，掺杂的CeO_2基电解质存在一个最大的缺点，在阳极侧的低氧分压或还原性气氛下，部分Ce^{4+}会被还原为Ce^{3+}而产生部分电子电导，在电池内部形成短路，损失了电池的部分电动势，同时也造成电池功率密度的下降。解决这一问题的方法如下：

① 在保持萤石型结构的范围内使用双掺杂，进一步增加自由氧空位的浓度，限制CeO_2在还原气氛中被还原，从而抑制电子电导的产生。

② 使用纳米及薄膜技术，制备纳米结构的薄膜型CeO_2基电解质。在纳米结构中，大量的晶界和晶相的存在可抑制电子电导的产生，且薄膜比块状具有更高的热化学稳定性。

③ 在CeO_2基电解质固溶体外包裹一层很薄的离子导电型的YSZ（约2μm厚）或者在阳极一侧添加YSZ阻隔层，YSZ的存在对于切断电子传导回路起到一定作用。

3）镓酸镧基（$LaGaO_3$）电解质材料　$LaGaO_3$基氧化物是最典型的ABO_3钙钛矿型电解质，早在1994年Goodenough就证实了一定离子掺杂$LaGaO_3$氧化物后可提升其在中温范围内的氧离子电导率，其电导率高于ZrO_2基和CeO_2基电解质。常温下未掺杂的$LaGaO_3$氧化物属正交钙钛矿结构，利用碱土金属（如Sr^{2+}、Ba^{2+}、Ca^{2+}等）取代A位部分的La^{3+}，利用过渡金属（如Mg^{2+}、Co^{3+}、Fe^{3+}等）取代B位部分Ga^{3+}后，逐渐转变为立方钙钛矿结构。通过掺杂，可以在晶格中产生更多的氧空位，增加的氧空位浓度可以提升基体的离子传输能力，如$La_{0.9}Sr_{0.1}Ga_{0.83}Mg_{0.17}O_{2.815}$（LSGM）材料在800℃下的电导率为$0.17S \cdot cm^{-1}$，远高于同样条件下YSZ和$CeO_2$基电解质的离子电导率，而且其电导率在较宽的氧分压范围内不受氧分压的影响。在过渡金属元素中，Fe^{3+}（0.064 nm）、Co^{3+}（0.061 nm）、Ni^{2+}（0.060 nm）的半径与 Ga^{3+}（0.062nm）半径相近，可以在 $LaGaO_3$ 晶格中稳定存在。研究表明，Fe^{3+}、Co^{3+} 和 Ni^{2+} 的最佳掺杂量分别为 3%、8.5% 和 7%。

$LaGaO_3$ 基材料热稳定性高、离子电导率高，是一种很有潜力的中低温 SOFC 电解质材料，但是在实际使用过程中仍存在以下几个缺点：

① 制备工艺复杂。因其组成相对复杂，含有多种金属离子，很容易产生 $LaSrGa_3O_7$、$LaSrGaO_4$ 等杂相，很难制备成均相的薄膜状。

② 该类材料与常用的阴极和阳极材料的化学相容性较差，在高温下容易与电极材料中的 Ni 发生反应，生成导电性较差的 $LaNiO_3$ 杂相，降低电池输出功率。为缓解这一问题，比较有效的方法是在电解质和电极之间添加一层不与 Ni 反应的氧化铈基电解质作为缓冲层。

③ 受到 Ga 资源的限制，成本较高。

对 $LaGaO_3$ 基电解质而言，进一步探寻先进的薄膜化制备技术，并寻找与之匹配的电极材料是其未来的发展趋势。

2.2 溶胶凝胶法制备燃料电池阴极材料

2.2.1 实验名称

溶胶凝胶法制备 $La_{0.6}Sr_{0.4}Co_{0.8}Fe_{0.2}O_3$ 粉体。

2.2.2 实验目的

1）掌握溶胶凝胶法制备材料的原理及过程。
2）掌握溶胶凝胶法制备材料的关键影响因素。
3）掌握箱式电炉的使用方法。

2.2.3 实验用品

设备：电子分析天平、恒温水浴锅、鼓风干燥箱、箱式电炉、pH 计。
试剂：硝酸镧[$La(NO_3)_3 \cdot 6H_2O$]、硝酸锶[$Sr(NO_3)_2$]、硝酸铁[$Fe(NO_3)_3 \cdot 9H_2O$]、硝酸钴[$Co(NO_3)_2 \cdot 6H_2O$]、柠檬酸、氨水。

2.2.4 实验原理

溶胶(Sol)是由孤立的细小粒子或大分子分散在溶液中形成的胶体体系,是一种具有液体特征的胶体体系,其分散的粒子大小在 $1\sim100\ nm$ 之间。凝胶(Gel)是由细小粒子聚集而成三维网状结构的具有固态特征的胶体体系,凝胶呈固定形状,其中的固相粒子按一定网架结构固定,不能自由移动。

溶胶凝胶法就是用含有高化学活性组分的化合物作前驱体,在液相下将原料均匀混合,并进行水解、缩合化学反应,在溶液中形成稳定的透明溶胶体系,溶胶经陈化,胶粒间缓慢聚合,形成三维空间网络结构的凝胶,凝胶网络间充满了失去流动性的溶剂。凝胶经过干燥、烧结固化制备出分子乃至纳米亚结构的材料,整个反应历程如图 2-4 所示,主要经历溶剂化、水解反应和缩聚反应阶段,各反应的基本原理如下:

溶剂化 $\qquad$ $M(H_2O)_n^{z+} \longrightarrow M(H_2O)_{n-1}(OH)^{(z-1)} + H^+$ $\qquad$ (2-8)

水解反应 $\qquad$ $M(OR)_n + xH_2O \longrightarrow M(OH)_x(OR)_{n-x} + xROH$ $\qquad$ (2-9)

缩聚反应

$$(OR)_{n-1}M—OH + HO—M(OR)_{n-1} \longrightarrow (OR)_{n-1}M—O—M(OR)_{n-1} + H_2O$$

$$\text{(2-10)}$$

$$m(OR)_{n-2}M(OH)_2 \longrightarrow [(OR)_{n-2}M-O]_m + mH_2O \qquad (2\text{-}11)$$

$$m(OR)_{n-3}M(OH)_3 \longrightarrow [(OR)_{n-3}M—O]_m + mH_2O + mH^+ \qquad (2\text{-}12)$$

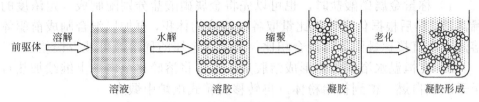

图 2-4 溶胶凝胶法反应历程

溶胶凝胶法制备材料具有一些独特的优点:

1)所用的原料首先被分散到溶剂中形成溶液,因此,各原料之间可以在很短的时间内获得分子水平的均匀混合。

2)在溶液中可以很方便地掺入一些微量元素,而且可以达到分子水平上的均匀掺杂。

3）与固相反应相比，化学反应容易进行，所需的合成温度较低。

同时，溶胶凝胶法也存在一些明显的缺点，比如整个过程所需时间较长，在凝胶干燥过程中，会有大量的气体及有机物从凝胶微孔中逸出，凝胶发生收缩现象。

2.2.5 实验步骤

1）按照 $La_{0.6}Sr_{0.4}Co_{0.8}Fe_{0.2}O_3$ 化学计量比准确称量 $La(NO_3)_3 \cdot 6H_2O$、$Sr(NO_3)_2$、$Fe(NO_3)_3 \cdot 9H_2O$、$Co(NO_3)_2 \cdot 6H_2O$，溶解于去离子水中，记录数据。

2）准确称量柠檬酸加入上述溶液中，保证金属阳离子与柠檬酸的摩尔比为 $1:2$，记录数据。

3）用氨水调节溶液 pH 值为 7 左右。

4）在 80℃ 条件下，对混合溶液进行加热、搅拌，直至形成黏稠状胶体。

5）将胶体放置于鼓风干燥箱中 120℃ 烘干 3h 形成干凝胶。

6）充分研磨干凝胶后置于箱式电炉中煅烧，以 $1℃ \cdot min^{-1}$ 的升温速率从室温升至 400℃，保温 1h；然后以 $2℃ \cdot min^{-1}$ 的升温速率从 400℃ 升至 750℃，保温 2h，自然冷却。

7）待样品冷却后，轻微研磨，得到 $La_{0.6}Sr_{0.4}Co_{0.8}Fe_{0.2}O_3$ 粉体，收集备用。

8）实验结束后，清理实验桌面，关闭仪器电源。

2.2.6 实验注意事项

1）称量金属硝酸盐时，也可以先将金属硝酸盐分别配制成一定浓度的稀溶液，然后根据化学计量比量取各盐溶液的体积，再加以混合制成前驱体溶液。与直接称量固体再混合相比，量取各金属的稀溶液可减少误差。

2）在恒温水浴锅加热形成溶胶后，也可将溶胶移至电炉上继续加热直至干凝胶自燃，得到初始粉体，再转移至箱式电炉中煅烧。

2.2.7 思考与讨论

1）在溶胶凝胶法制备粉体过程中添加柠檬酸的作用是什么？为什么柠檬酸的物质的量要过量？

2）请分析溶胶凝胶法制备粉体时，影响实验结果的关键因素有哪些？

2.3 阴极材料的阻抗分析

2.3.1 实验名称

阴极材料 $La_{0.6}Sr_{0.4}Co_{0.8}Fe_{0.2}O_3$ 的阻抗测试。

2.3.2 实验目的

1）掌握电化学阻抗谱的测试基本原理。
2）掌握电化学工作站测量阻抗的使用方法。
3）熟悉阻抗测试的意义。
4）初步掌握阻抗图谱解析的方法。

2.3.3 实验用品

设备：Chi604c 电化学工作站、红外灯、玛瑙研钵、箱式电炉、电子分析天平。

材料：$La_{0.6}Sr_{0.4}Co_{0.8}Fe_{0.2}O_3$ 材料、烧结致密的 GDC 电解质圆片、乙基纤维素、松油醇、银丝。

2.3.4 实验原理

电化学阻抗谱（electrochemical impedance spectroscopy，EIS）：以小振幅的正弦波电势（或电流）作为扰动信号施加给电化学系统，测量交流电势与电流信号的比值（此比值即为系统的阻抗）随正弦波频率 ω 的变化，或者是阻抗的相位角 Φ 随 ω 的变化。以此来分析电极过程动力学、双电层和界面扩散等，常用于研究电极材料、腐蚀防护、界面电化学等机理。

对于一个稳定的线性系统 M，如以一个角频率为 ω 的正弦波电流信号 X 输入该系统，相应从该系统输出一个角频率为 ω 的正弦波电势信号 Y，此时电极系统的频响函数 Z 就是系统的电化学阻抗，$Z = Y/X$。如果输入的 X 是角频率为 ω 的正弦波电势信号，则输出的 Y 是角频率为 ω 的正弦波电流信号，此时 Y/X 是系统的导纳。与电阻和电导相似，系统的阻抗和导纳互为倒数关系。

测试时将电化学系统看作一个等效电路，这个等效电路由电阻（R）、电容（C）和电感（L）等基本元件以串并联不同的方式组合而成，每一个等效的电路元件对应电化学系统中不同的电化学行为。根据测得的阻抗图谱，可以测定等效电路的构成以及各元件的阻抗值，再利用各个元件对应的电化学含义，分析电化学系统的结构和电极过程的性质。

　　本实验采取对称电极法对 SOFC 的阴极材料进行阻抗分析。将阴极 $La_{0.6}Sr_{0.4}Co_{0.8}Fe_{0.2}O_3$ 材料对称地印刷在 GDC 电解质圆片的两面上，形成阴极|电解质|阴极对称电池结构，如图 2-5 所示。以银丝绕成的圆面为集流体，将电池放入升温炉中，通入空气，设置测试温度、测试频率，测量电池交流阻抗谱。

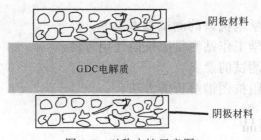

图 2-5　对称电池示意图

　　图 2-6 是文献报道的以 $PrBa_{0.5}Sr_{0.5}Cu_2O_{5+\delta}$（简称 PBSC）为阴极材料、

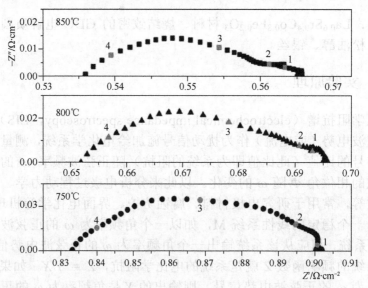

1—10Hz；2—$1×10^2$Hz；3—$1×10^3$Hz；4—$1×10^4$Hz

图 2-6　PBSC 对称电池在不同温度下的交流阻抗谱

LSGM 为电解质组成的对称电池在 750～850℃测试得到的交流阻抗谱。测试得到的阻抗曲线都可以分为两个弧，分别是（1×10^4）～（1×10^3）之间的一个高频弧和（1×10^2）～（1×10^0）之间的一个低频弧，说明 PBSC 阴极在氧的还原过程中存在着两个不同的电极反应过程。低频区弧形的阻抗主要对应氧分子在阴极材料表面的吸附/解离、氧离子在阴极体相中的迁移等非电荷转移步骤引起的阻抗；高频区弧形主要是阴极/电解质界面氧离子迁移和阴极/集流体界面电子传递等电荷转移步骤引起的阻抗。阻抗谱高频与横坐标交点的数值代表电解质的电阻、导线电阻以及其他接触电阻之和，阻抗谱高频、低频与横坐标轴的交点之差代表电极的界面极化电阻。从阻抗谱测试结果可以计算出 PBSC 在 LSGM 电解质上的界面极化电阻值，以及分析出整个电极反应的速率控制步骤。

2.3.5　实验步骤

1）称量 1g 研磨细化后的 $La_{0.6}Sr_{0.4}Co_{0.8}Fe_{0.2}O_3$ 阴极粉末，放置于玛瑙研钵中，加入松油醇-乙基纤维素（乙基纤维素的质量分数为 10%），充分研磨，得到分散均匀的阴极浆料。

2）取一个 GDC 电解质圆片，利用丝网印刷技术将阴极浆料均匀涂在 GDC 电解质片上，放在红外灯下烤干，然后均匀涂抹电解质片的另一边，继续烤干。

3）将烘干的电解质片放置在 1000℃的箱式电炉中，保温 3h，待自然冷却后得到对称半电池。

4）分别将两根银丝的一端绕成电解质片大小的圆圈，放置于电解质片层两侧，与两侧的阴极材料密切接触，放置于电炉中，银丝的另一端连接电化学工作站。

5）设置升温程序，从室温升至 800℃，在 500～800℃内，间隔 50℃测量一次对称电池阻抗，设置测试频率范围为 $10^{-2}\sim10^5$ Hz。

6）测试结束，待电炉冷却至室温后，取出电池，关闭电炉；导出测试数据，关闭电化学工作站，绘制阻抗图谱，分析材料电化学性能。

2.3.6　思考与讨论

1）请根据测试结果的阻抗图谱，描述阴极反应历程，并给出等效电路。

2）请分析电化学阻抗法的优缺点。

3）如果在对称电池测试的电炉中通入不同氧含量的氧气-氮气混合气体，测试的结果会有不同吗？为什么？

2.4 阴极材料热膨胀性分析

2.4.1 实验名称

阴极材料 $La_{0.6}Sr_{0.4}Co_{0.8}Fe_{0.2}O_3$ 的热膨胀系数测试。

2.4.2 实验目的

1）掌握 SOFC 中关键材料热膨胀性能的测定意义。

2）熟悉高温热膨胀仪的操作方法。

2.4.3 实验用品

设备：电子分析天平、箱式电炉、压片机（配有条形模具）、游标卡尺、德国 Netzsch 的 DIL-402C 高温热膨胀仪、玛瑙研钵。

试剂：$La_{0.6}Sr_{0.4}Co_{0.8}Fe_{0.2}O_3$ 粉体。

2.4.4 实验原理

SOFC 的工作温度可以从室温到 1000℃ 的范围，这就要求 SOFC 的各个部件必须要有相匹配的热膨胀行为，以避免在连续不断的冷热循环过程中产生裂纹，电阻增大，乃至丧失电池性能。

热膨胀系数的大小可以反映材料之间的热匹配性。高温热膨胀仪器就是表征材料在室温到高温之间热膨胀性能的装置。式（2-13）表示的是材料线性热膨胀系数，式（2-14）表示的是材料在某温度区间内的平均热膨胀系数。

$$\alpha = \frac{1}{L_{S0}} \times \frac{\partial L}{\partial T} \tag{2-13}$$

$$\overline{\alpha} = \frac{1}{L_{S0}} \times \frac{\Delta L}{\Delta T} = \frac{1}{L_{S0}} \times \frac{L_{ST} - L_{S0}}{T - T_0} \tag{2-14}$$

所以，材料的热膨胀行为规律为：

$$L_{ST} = L_{S0}\left[1 + \overline{\alpha}(T - T_0)\right] \tag{2-15}$$

式中，T_0 为测试起始温度；T 为测试终止温度；L_{S0} 为初始温度状态下样品的长度；L_{ST} 为终止温度时的长度；α 为热膨胀系数。

2.4.5　实验步骤

1）用玛瑙研钵将 $La_{0.6}Sr_{0.4}Co_{0.8}Fe_{0.2}O_3$ 粉体研磨细化，称量约 1.3g 粉体，利用条形模具，在 200MPa 单轴压力下经粉体压成条状。

2）将压好的条状材料放置于箱式电炉中，设置升温程序，以 $5℃\cdot min^{-1}$ 的升温速率从室温升至 1100℃，保温 5h，自然冷却。

3）用游标卡尺测量烧结后条状材料的长度，记录数据。

4）打开高温热膨胀仪以及电脑电源开关，运行软件。将条形样品放置于仪器中，输入初始尺寸，设置测试温度范围 30～1000℃，升温速率 $5℃\cdot min^{-1}$，设置空气流量为 $60mL\cdot min^{-1}$，开始测试。

5）待测试结束之后，取出样品，关闭仪器电源，导出实验数据，绘制样品热膨胀行为曲线图，计算样品在此温度范围内的热膨胀系数。

2.4.6　实验注意事项

1）用压片机将阴极粉体压成条状时，一定要将粉体摊平，使粉体均匀地分布成条形。

2）将条形样品放置在高温热膨胀仪里面时，一定要注意保护探针。

2.4.7　思考与讨论

请分析研究材料热膨胀系数对于 SOFC 的意义，并思考通过什么方法可以改变材料热膨胀行为，使得各个部件热膨胀行为相匹配。

2.5　固体氧化物燃料电池单电池制作

2.5.1　实验名称

固体氧化物燃料电池单电池制作。

2.5.2　实验目的

1）掌握固体氧化物燃料电池基本结构组成。

2）掌握固体氧化物燃料电池单电池的制作工艺。

2.5.3　实验用品

设备：压片机（配有圆柱形模具）、箱式电炉、玛瑙研钵、红外灯。

试剂：阴极 $La_{0.6}Sr_{0.4}Co_{0.8}Fe_{0.2}O_3$ 粉体、阳极 Ni-GDC 粉体、电解质 GDC 粉体、松油醇、乙基纤维素。

2.5.4　实验原理

根据几何形状的不同，SOFC 一般有平板式（planar）、管式（tubular）和瓦楞式三种类型。

平板式 SOFC：平板式 SOFC 设计形状以及制作工艺均比较简单，一般采用干压成型、烧结等传统的陶瓷工艺制备，形成阴极|电解质|阳极三层结构的单电池，具有三明治结构，再用平板状的带有内导气槽的连接材料连接相邻单电池构成电池堆，如图 2-7（a）所示，空气和燃料分别从导气槽内交叉流过。这种结构的突出优点是以串联方式连接电池，电流流程短、采集均匀；电池欧姆损失少，可具有高的能量密度；结构简单，制备工艺可采用现代陶瓷工艺中广泛采用的制造技术，可大大降低制作成本，易于实现规模化；可采用薄膜化的电解质。主要缺点是：高温密封困难，而且温度分布不均匀，造成大尺寸单电池难于成型；对双极连接板材料要求很高，需要具有良好的抗高温氧化性能、与电解质相匹配的热膨胀行为以及良好的导电性能；这种结构对单电池模块组装要求较高，单片电池更换和维修困难。

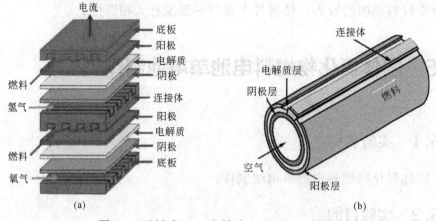

图 2-7　平板式（a）和管式（b）SOFC 结构

管式 SOFC：管式 SOFC 发展较早，是比较成熟的一种电池结构，其基本单元是一端封闭、另一端开口的单电池管子。多采用挤压成型、电化学沉积、喷涂等方法制备成管状，再经过高温烧结而成。管子由内到外分别是阴极层、电解质层和阳极层，空气从管子内部流过，燃料通过管子外壁流过，如图 2-7（b）所示。这种结构的 SOFC 不需要高温密封，结构紧固，不易开裂，易于制作大尺寸、大规模的电池系统；缺点是制备过程多需电化学沉积等复杂方法，原料利用率低，制造成本高，而且电极间距较大，内阻损失较大，功率密度不高。

瓦楞式 SOFC：瓦楞式 SOFC 的电极与原料气的接触面积得到有效提高，电极能充分地与原料气反应，电池的工作效率得到提高。这种结构的缺点是制作工艺难度较大，需要一次烧结而成。相对而言，常用的是管式 SOFC 和平板式 SOFC。

本实验采用干压成型再配合煅烧的工艺制备阳极支撑型的三明治结构 SOFC 单体电池。先将阳极粉体与电解质粉体一次共压成圆柱形素坯，再经高温烧结制成阳极支撑型半电池；利用丝网印刷技术在半电池另一侧刷上阴极，经过高温煅烧得到单电池基体；最后涂上集流体、密封材料，如图 2-8 所示。

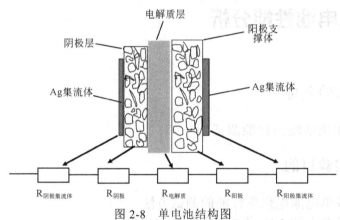

图 2-8　单电池结构图

2.5.5　实验步骤

1）称量 0.46g 阳极 Ni-GDC 粉体，均匀地放在圆柱形模具里，记录数据。

2）称量 0.02g 电解质 GDC 粉体，均匀地铺撒在阳极粉体上，记录数据。

3）盖上上模具，在压片机下，以 200MPa 的单轴压力，将阳极与电解质粉体压成直径约为 13mm 的圆柱形的阳极|电解质素坯。

4）取出素坯，置于箱式电炉中，设置升温程序，以 $5℃\cdot min^{-1}$ 的升温速率升至 1350℃，保温 5h，自然冷却，得到阳极支撑型半电池。

5）称量 1g 研磨细化后的 $La_{0.6}Sr_{0.4}Co_{0.8}Fe_{0.2}O_3$ 阴极粉末，放置于玛瑙研钵中，加入松油醇-乙基纤维素（乙基纤维素的质量分数为 10%），充分研磨，得到分散均匀的阴极浆料。

6）利用丝网印刷技术将阴极浆料涂在烧结得到的阳极支撑型半电池中电解质的另一侧，在红外灯下烤干。

7）烤干后置于箱式电炉中，设置升温程序，以 $5℃ \cdot min^{-1}$ 的升温速率升至 1000℃，保温 3h，自然冷却，得到完整的阳极支撑型的阳极|电解质|阴极单电池基体。

8）实验完毕后，收集单电池备用，关闭电炉，清理实验台面。

2.5.6　思考与讨论

本实验制作的是阳极支撑型电池，请思考阳极支撑型电池、阴极支撑型电池以及电解质支撑型电池各有什么优缺点。

2.6　单电池性能分析

2.6.1　实验名称

SOFC 单电池输出性能测试。

2.6.2　实验目的

1）掌握单电池电化学性能的测试方法。
2）熟悉单电池 I-V、I-P 曲线的数据解析。

2.6.3　实验用品

设备：陶瓷管、电炉、Chi604c 电化学工作站。
材料：阳极支撑型 Ni-$GDC|GDC|La_{0.6}Sr_{0.4}Co_{0.8}Fe_{0.2}O_3$ 单电池、氢气、导电胶。

2.6.4　实验原理

电极材料组装成单电池后，需要对其进行电化学性能测试，综合评价其性能。本实验采用单轴压力共压烧结制成的阳极支撑型单电池，在测试时，需要将燃料气氢气和氧化气空气隔离开，因此，用导电胶将单电池固定在陶瓷管子一端，使阳极密封在管子里，阴极暴露在管子外，形成一段封闭的单电池结构，如图2-9所示。在阳极一侧通入氢气，阴极一侧通入空气。

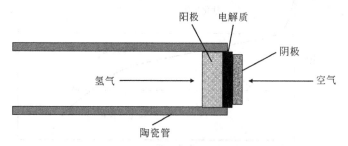

图 2-9　单电池封装示意图

将封装好的单电池放入电炉中，用银丝将单电池的阳极和阴极分别与电化学工作站相连，整个测量体系如图 2-10 所示。设置电炉升温程序，达到目标温度后开始测量。在陶瓷管管口处燃烧未反应的尾气。如果使用的燃料气是烃类化合物，也可将尾气通入气相色谱仪中，分析其成分。

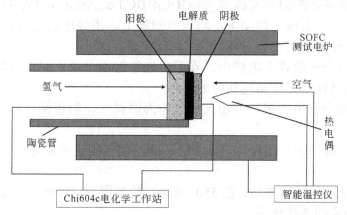

图 2-10　单电池测量装置

测试单电池电化学性能可以得到电池开路电压、输出功率的数值，获得 I-P、I-V 曲线。通过 I-P 曲线可以得到电池最大输出功率；从 I-V 曲线图中可以分析出单电池在运行时出现的各种极化行为。图 2-11 是 SOFC 典型的 I-V 曲线图，图中与横坐标电流密度平行的虚线代表理想可逆电极的理论电动势，真正电池开路电压都会小于该理论电动势。在低电流密度区域，受到电极活化极化的影响，电池输出电压随着电流密度增加迅速下降。随后，电压降与电流密度近似呈直线关系，这主要对应于电池内部欧姆极化的损失。最后，在高电流密度区域，此时电化学反应速率已足够快，反应产物因不能及时转移，或者反应物不能及时补充，整个电极反应主要受扩散控制，该过程的电压降对应于电池中浓差极化损失。

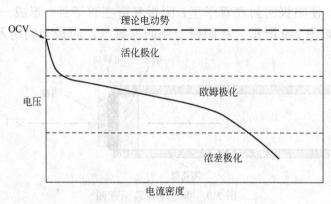

图 2-11　SOFC 典型的 I-V 曲线

2.6.5　实验步骤

1）将制备好的阳极支撑型 Ni-GDC|GDC|La$_{0.6}$Sr$_{0.4}$Co$_{0.8}$Fe$_{0.2}$O$_3$ 单电池放置于陶瓷管上，阳极一侧朝下，阴极一侧朝上，用导电胶密封，并在阳极、阴极侧分别导出银丝作为导线。

2）将陶瓷管放置于电炉中，确保电池靠近电炉热电偶，将阳极、阴极侧的银丝与电化学工作站连接完好。

3）向陶瓷管内阳极一侧通入氢气作为燃料气，阴极侧直接用空气作为氧化气体。

4）设置电炉的升温程序，以 3℃·min^{-1} 的升温速率从室温升到 800℃，自然冷却。

5）打开电化学工作站，在 550～800℃ 的范围内，每隔 50℃ 测量一次电池电压随电流的变化情况。

6）实验结束后，待电炉降至室温，关闭氢气阀门，关闭实验设备，分析实验数据，绘制电池 I-V、I-P 曲线图。

2.6.6　思考与讨论

1）根据 I-V 曲线，请解释为什么电池在不同温度下测得的开路电压值不一样；为什么测试温度越低，电池开路电压越高。

2）根据 I-P 曲线，请解释为什么电池工作温度越高，电池输出功率越大。

第3章
太阳能电池

3.1 太阳能电池简介

3.1.1 太阳能电池概述

  当今社会，能源需求持续增长，寻找一种高效可再生的能源成为世界各国现阶段的一项挑战。其中，太阳能因能量巨大、安全可靠、可再生且无污染等优点脱颖而出。太阳能的利用方式大致有：①光-电转换，利用光生伏特效应将太阳能直接转变为电能；②光-热转换，利用太阳辐射能与物质的相互作用转换成热能，也可以利用此热能驱动蒸汽轮机发电；③光-化学能转换，将太阳辐射能转换为化学能；④光-生物质能转换，利用植物光合作用将太阳能转变为生物质能。

  太阳能电池作为一种高效的光电转化媒介，具有巨大的商业应用前景。太阳能电池技术目前可以归纳为四个阶段，如图3-1所示。晶体硅太阳能电池被认为是第一代太阳能电池，是用基于异质结的半导体硅材料制造的，主导着太阳能电池的应用市场。这种太阳能电池制造工艺复杂，对原料硅的纯度要求极高。薄膜无机化合物，如铜铟镓硒（CIGS）、碲化镉（CdTe）以及微晶态硅等是第二代太阳能电池，这种技术将太阳能电池薄膜化，但使用了稀有元素和剧毒的镉元素，增加了其进一步开发的难度。第三代太阳能电池是可溶液处理的薄膜太阳能电池，有机光伏电池（OPV）、染料敏化太阳能电池（DSSCs）等具有代表性，这一类薄膜电池的优点是制造成本得到降低，光电转换效率得到提高，但是其稳定性不高。第四代太阳能电池是钙钛矿太阳能电池（PSC），有代表性的是无机杂化钙钛矿太阳能电池，在短短的十几年间取得了飞速的发展，这种电池的光电转换效率已经接近了第一代晶体硅太阳能电池，具有取代晶体硅太阳能电池的巨大潜力。

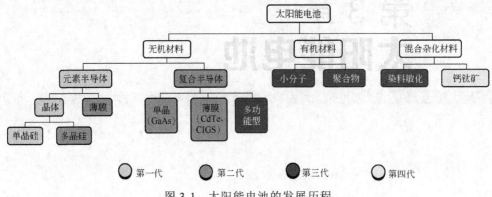

图 3-1　太阳能电池的发展历程

3.1.2　太阳能电池工作原理

太阳能电池是一种直接将太阳光转化为电能的器件。太阳能电池工作的基础是半导体 PN 结的光生伏打效应，简单来说，就是当光照射到物体上时，物体内的电荷分布状态发生变化而产生电动势和电流的一种效应。

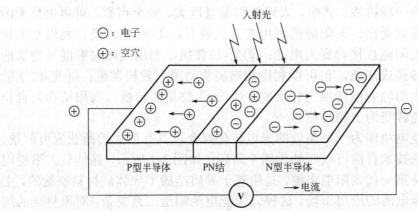

图 3-2　太阳能电池基本工作原理

当光照射到 PN 结时，产生电子-空穴对，在半导体内部结附近生成的载流子没有被复合而到达空间电荷区，受内建电场的吸引，电子流入 N 区，空穴流入 P 区，导致 N 区储存了过剩的电子，P 区存在过剩的空穴，在 PN 结附近形成了与势垒方向相反的内建电场。内建电场的出现一方面部分抵消了势垒电场，另一方面还引起了飘移运动，使得电子运动到 N 区，空穴运动到 P 区，导致 P 区带正电，N 区带负电，在 N 区和 P 区之间的薄层就产生了电动势，这就是光生伏打效应。分别在 P 区和 N 区焊上金属引线，接通负载，外电路就会有电流通过，如图 3-2 所示。将这些小的电池元件以串联、并联的方式连接起来，就能获得一定的电压、电流和输出功率。

3.1.3 太阳能电池分类

如前所述，太阳能电池的发展经历了四个阶段。基于材料结构不同，太阳能电池可分为硅基太阳能电池、多元化合物薄膜太阳能电池、染料敏化太阳能电池以及钙钛矿太阳能电池，以下分别介绍。

3.1.3.1 硅基太阳能电池

硅基太阳能电池按照所使用硅的晶体类型可分为单晶硅太阳能电池、多晶硅太阳能电池以及非晶硅薄膜太阳能电池。

1）单晶硅太阳能电池 单晶硅太阳能电池是目前最为成熟的太阳能电池，它的构成和生产工艺已定型，产品已得到广泛应用。其光电转换效率也是硅基太阳能电池中最高的，实验室水平可达 24.7%，规模化生产时的效率也在 20% 左右。但是这种电池要求必须使用高纯度的单晶硅材料，纯度通常要求在 99.999% 以上，价格昂贵。目前国内单晶硅片最低成本约为 2.3 元/片。为了降低生产成本，多采用太阳能级的单晶硅棒，材料性能指标有所放宽。将单晶硅棒切成厚度约 0.3mm 的硅片，再经过成型、刨磨、清洗等工序制成待加工的原料硅片。在后续加工太阳能电池片时，首先要在硅片上进行掺杂和扩散，一般选取少量的硼、磷、锑等对硅片进行掺杂，通过高温扩散，在硅片上形成 PN 结；然后利用丝网印刷方法将调配好的银浆印刷在硅片上做成栅线，经过烧结，同时制成背电极，并在有栅线的一面涂覆上减少反射的材料，防止大量的太阳光子被光滑的硅片表面反射掉。

2）多晶硅太阳能电池 单晶硅太阳能电池的生产需要消耗大量的高纯度硅材料，而且由圆柱状的单晶硅棒切片制作的太阳能电池是圆片，组成太阳能组件时，平面利用率低。在 20 世纪 80 年代以后，人们开始了多晶硅太阳能电池的研究。多晶硅太阳能电池是在成本较低的衬底上生长多晶硅薄膜，用相对薄的晶体硅层作为太阳能电池的激活层，不仅保持了电池的高性能和稳定性，而且明显降低了材料的用量，降低了电池制作成本。但这种电池也存在明显缺陷，其内部存在很多的晶粒界面和晶格错位，造成电池光电转换效率一直无法突破 20%，规模化生产的电池转换效率为14%～18%。

3）非晶硅薄膜太阳能电池　非晶硅薄膜太阳能电池多采用等离子增强型化学气相沉积（PECVD）的方法使高纯硅烷气体分解沉积而成。这种工艺所需分解沉积温度低，可直接在玻璃、陶瓷、不锈钢、柔性塑料片上沉积薄膜，方便连续大批量生产，成本较低。目前国内非晶硅片最低成本约为1.2 元/片。其制备过程一般是在一石英容器内放入衬底，抽成真空，充入氢气或氩气稀释的硅烷气体，用射频电源加热，促使硅烷气体电离成等离子体，非晶硅膜就会沉积在被加热的衬底上。在硅烷气体中掺入适量的氢化硼或者氢化磷，就可得到 P 型或 N 型的非晶硅膜。非晶硅薄膜太阳能电池的优点是成本低、重量轻，便于规模化生产，可制备柔性太阳能电池，方便与房屋的屋面结合构成住户的独立电源。

但是这种非晶硅材料的光学带隙为 1.7eV，材料本身对太阳能的红外区域不敏感，这样一来就限制了太阳能电池的转换效率。此外，受制于电池材料引发的光致衰退效应，电池的稳定性不高，且受环境影响很大，这直接影响到了此种电池的实际应用。通过制备叠层太阳能电池可以缓解这些问题，即在已制备的 P、I、N 层单结太阳能电池上再沉积一个或多个 P、I、N 子电池。这样叠层的好处在于：①实现了不同禁带宽度的材料的组合，提高了材料对太阳光谱的响应范围；②顶电池的 I 层较薄，光照产生的电场强度变化不大，保证 I 层中的光生载流子抽出；③底电池产生的载流子约为单电池的一半，光致衰退效应得到减小。

3.1.3.2　多元化合物薄膜太阳能电池

多元化合物薄膜太阳能电池材料多为无机盐形式，主要包括以砷化镓（GaAs）为代表的Ⅲ-Ⅴ族化合物、Ⅱ-Ⅵ族的硫化镉（CdS）和碲化镉（CdTe）以及铜铟硒（CIS）薄膜太阳能电池。

以砷化镓（GaAs）为代表的Ⅲ-Ⅴ族半导体化合物，具有直接带隙能带结构，较高的光吸收效率，良好的抗辐射能力，适合制备高效、空间用太阳能电池。此类电池的光电转换效率最高，GaAs 单结电池的光电转换效率可以高达 28%，GaInP/GaAs 两结叠层电池的转换效率高达 30%，尤其是聚光GaInP/GaAs/Ge 三结叠层电池的转换效率可达到 40%。但是此类材料的机械强度较弱、价格非常贵，其价格约是硅基材料的 10 倍，这在很大程度上限制了此类电池的普及，一般用来作聚光电池。

硫化镉（CdS）和碲化镉（CdTe）是典型的 II-VI 族半导体材料。CdTe 具有接近理想光谱响应的直接带隙（1.45eV）和较大的光吸收系数（可达 $10^5 cm^{-1}$），非常适合作为光电能量转换的材料。在大气质量 AM1.5G 条件下，其理论转换效率高达 28%。国内生产 CdTe 薄膜太阳能电池的代表公司有龙焱能源科技（杭州）有限公司、成都中建材光电材料有限公司。目前，在实验室制备的 CdTe、CdS 薄膜太阳能电池转换效率已经达到 18.3%，规模化生产时的转换效率约为 12.5%，距离其理论转换效率还有很大差距。此类电池光电转换效率比非晶硅薄膜太阳能电池高，生产成本比单晶硅电池低。但是由于 Te 是稀有元素，Cd 是有毒元素，大量使用会对环境造成严重污染，需要发展电池的回收利用技术，形成循环生产。

铜铟硒（CIS）是直接带隙的半导体材料，带隙宽度约 1.0eV，厚度为 0.5μm 的 CIS 可以吸收 90% 的太阳能光子。铜铟硒系薄膜太阳能电池一般是在玻璃或廉价的衬底上沉积总厚度约 1~3μm 多层薄膜而构成的光伏器件，具有高转换效率、低成本、无光诱导衰变等特性。如图 3-3 所示，CIS 系薄膜太阳能电池的结构为：金属栅状电极、减反射膜、窗口层（ZnO）、N 型缓冲层（ZnS 或 CdS）、P 型光吸收层（CIS 类无机盐）、金属背电极（Mo）、玻璃衬底。其中，P 型 CIS 和 N 型 CdS 以及高阻 N 型 ZnO 形成的 PN 异质结是 CIS 系薄膜太阳能电池的核心层。常用的制备方法有反应溅射、真空蒸镀、电沉积、化学气相沉积等。其中，电沉积方法比较适合工业生产，首先采用电沉积方法得到 CIS 前驱体，然后将前驱体置于 Se 或 H_2Se 气体氛围中进行热处理得到最终材料。研究者们通常在 CIS 上掺杂其他元素，使其禁带宽度接近太阳光的最佳禁带宽度（1.45eV）。常用元素 Ga 代替部分 In，通过调整材料中 In 与 Ga 的比例，可以使材料的带隙宽度覆盖在 1.04~1.67eV 范围内，从而大大提高光电转换效率，可以高达 23%，几乎与单晶硅太阳能电池相当。此类电池抗辐射能力强、稳定性高、弱光特性好，是一种很有潜力的薄膜太阳能电池，是近年来发展较迅速的一类太阳能电池。但是，In、Ga 都是稀有贵金属，在一定程度上限制了其广泛推广，需要寻找廉价、无毒的元素来掺杂。

3.1.3.3 染料敏化太阳能电池

染料敏化太阳能电池是 20 世纪 90 年代发展起来的一种电池,最先由瑞士洛桑高等工业学院的 Grätzel 教授以纳米多孔 TiO_2 为电极、以 Ru 络合物为敏化染料制备的太阳能电池。在这之后，Nazeeruddin 等用 $Ru(H_2\text{-}dcbpy)_2(NCS)_2$ 染料敏化纳米多孔 TiO_2,得到转换效率为 10% 的太阳能电池。

目前 Grätzel 教授团队采用染料浸渍的 TiO_2 薄膜与聚（3，4-乙基二氧噻吩）（PEDOT）对电极直接接触，组装了一种先进结构的染料敏化太阳能电池，光电转换效率达到了 13.1%。此类太阳能电池以 TiO_2 为主要原料，原料来源广泛、成本低、无毒且性能稳定；电池制作工艺简单，主要利用简单浸泡和大面积丝网印刷技术，适合于大面积工业化生产，制作成本约是硅基太阳能电池的 1/10～1/5。主要缺点是需要使用液体电解质，可能破坏 TiO_2 表面的染料，对电池稳定性造成影响；同时，电解液泄漏也会对环境造成破坏。

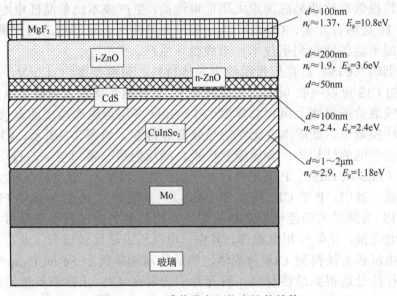

图 3-3　CIS 系薄膜太阳能电池的结构

3.1.3.4　钙钛矿太阳能电池

1956 年科学家们首次在 $BaTiO_3$ 钙钛矿材料中发现了光电流，将钙钛矿材料引入了光伏领域。之后在多种无机 ABX_3 型钙钛矿材料中发现了光伏效应。1978 年，Weber 等首次将 $CH_3NH_3^+$ 引至钙钛矿体系中，形成了有机-无机杂化钙钛矿材料，进一步拓宽了其种类。2012 年，Lee 等采用 Al_2O_3 代替 TiO_2 后，将钙钛矿电池的效率提高到了 10.9%，此后钙钛矿太阳能电池进入快速发展的阶段。典型的 ABX_3 型钙钛矿材料属于立方晶系，如图 3-4 所示。其中，A 元素一般为 Cs^+ 或有机胺阳离子（如 $H_3NH_3^+$、$C_2H_5NH_3^+$ 等），B 元素一般为金属阳离子（如 Sn^{2+}、Pb^{2+}、Bi^{3+}、Ti^{4+} 等），X 一般是卤素阴离子（如 Cl、Br、I）或者多种卤素的掺杂物。在这种晶体中，B 与 X 通过共价键链接在一起构成正八面体的 BX_6 结构，且 BX_6 之间通过共用顶点 X 连接成三维骨架，金属阳离子 B 位于八面体中心，阳离子 A 填充在八面体 BX_6 的空隙中保证了晶体结构得以稳定。

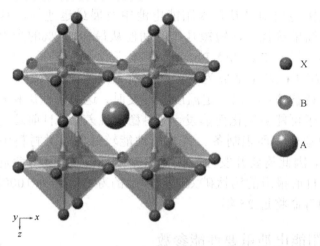

图 3-4　钙钛矿 ABX_3 的晶体结构

钙钛矿太阳能电池的工作原理与其他太阳能电池类似，钙钛矿材料充当着吸收入射太阳光的作用，当太阳光照射到钙钛矿层时，钙钛矿层会吸收光子能量，受光子激发而产生电子-空穴对，一部分的电子和空穴相互复合，另一部分的电子和空穴分别被电子传输层和空穴传输层传输，并收集到钙钛矿太阳能电池的两个电极上，形成正负极，连通外电路后就会有电流产生。

在钙钛矿太阳能电池的结构中，活性层、传输层和电极是最主要的三部分。

① 活性层。钙钛矿材料是电池的活性层，受光照激发而产生电子-空穴对，是生成光电流的部位。

② 传输层。传输层也称作选择层，包括电子传输层和空穴传输层，分别对电子和空穴起传输和收集的作用。一般来说，电子（空穴）传输层是 N型（P 型）半导体材料，对电子（空穴）具有较高的传输能力，对空穴（电子）具有较差的传输性能。传输层通过能级匹配、钝化界面等原理辅助电极对电子和空穴进行收集，保证了电子和空穴的充分利用。

③ 电极。常用的电极有掺杂氟的 SnO_2 透明导电玻璃（FTO）、表面溅射氧化铟锡的玻璃（ITO）和金属或炭电极。金属电极一般可选择 Au、Ag 和 Al 等稳定且具有良好导电性的金属材料。

钙钛矿活性层是钙钛矿太阳能电池中最重要的一层。常用的制备钙钛矿层的方法有一步旋涂法、两步旋涂法、分步液浸法、喷射沉积法、气相沉积法等。不同的制备方法，将会获得不同质量的钙钛矿薄膜以及不同程度的表面覆盖率，其表面形貌、结晶特性、缺陷特性、稳定性和光学特性都会存在很大的差异。

钙钛矿太阳能电池是几种太阳能电池中发展最迅速的，具有制备成本低、生产工艺简单等优点，短短几年时间便从最初 3.8%的光电转换效率上升到了 23.2%（基于 $FA_{1-x}MA_xPbI_yBr_{1-y}$ 多元混合钙钛矿材料），前景无比广阔，很有希望超越硅基电池成为新一代主流太阳能电池。但是，其仍然有一些突出问题亟待解决：①在一定温度或湿度时，这种钙钛矿材料会分解，且材料中的碘离子可能被氧化而蒸发，材料稳定性差。②目前还没有有效的办法可以实现电池的大面积制备。③光电性能较好的此类材料中多含有铅元素，具有毒性，因此需要开发性能优异的无铅材料。④其寿命远远不如硅基太阳能电池，目前报道的钙钛矿太阳能电池的寿命大约为 1000h，而单晶硅太阳能电池的寿命将近 25 年。

3.1.4 太阳能电池重要性能参数

衡量太阳能电池性能的重要参数有开路电压（V_{OC}）、短路电流（I_{SC}）、填充因子（FF）和光电转换效率（PCE）等。

1）开路电压（V_{OC}）　指电池在 AM1.5G、$100mW \cdot cm^{-2}$ 的光强度照射下，电流为零时电池两端的开路电压，是电池能输出的最大电压，是伏安特性曲线 I-V 上电流为零时对应的电压值。

2）短路电流（I_{SC}）　指电池在 AM1.5G、$100mW \cdot cm^{-2}$ 的光强度照射下，电池短路时流过电池两端的电流，是伏安特性曲线 I-V 上电压为零时对应的电流值。短路电流源于光生载流子的产生和收集，对于电阻阻抗最小的理想电池来说，短路电流就等于光生电流，因此短路电流是电池能输出的最大电流。短路电流的大小取决于电池的表面积、光子的数量、入射光的光谱、电池的光学特性等几个因素。

3）填充因子（FF）　是电池最大输出功率与短路电流和开路电压乘积的比值，代表器件在最佳负载时能够输出最大功率的特性，是衡量太阳能电池输出性能的重要指标，一般可表示为：

$$FF = \frac{P_{max}}{V_{OC}I_{SC}} = \frac{V_{max}I_{max}}{V_{OC}I_{SC}} \tag{3-1}$$

式中，P_{max}、V_{max} 和 I_{max} 分别是电池对外输出的最大功率、电池最大输出功率时对应的电压和电流密度。

4）光电转换效率（PCE）　指太阳能电池的最大输出功率与射入电池的光能的比例，是用来衡量电池性能的最常用参数。光电转换效率除了受电池本身的性能影响之外，还与入射光的光谱、光强以及电池的温度有关。因此，在比较太阳能电池的光电转换效率时必须严格控制其所处的环境。一般采用光照 AM1.5G 的标准光谱，工作温度 25℃。PCE 计算公式为：

$$PCE = \frac{P_{max}}{P_{in}} = \frac{V_{OC}I_{SC}\cdot FF}{P_{in}} \tag{3-2}$$

式中，P_{in} 是射入太阳能电池的光照强度。

5）单色光电转换效率（IPCE）　指光照电池时，电池收集的电子数与入射光子数的比值，反映出电池在不同波长下的光电转换效率。其表达式为：

$$IPCE = \frac{N_e}{N_p} = \frac{I_{SC} \times 1240}{\lambda P_{in}} \times 100\% \tag{3-3}$$

式中，N_e 是电池收集的电子数；N_p 是入射光子数；λ 是入射光的波长。

3.2　单晶硅电阻率的分析

3.2.1　实验名称

半导体单晶硅电阻率的测试与分析。

3.2.2　实验目的

1）掌握半导体电阻率的测试原理。
2）掌握半导体电阻率常用的测试方法。
3）了解四探针电阻率测试仪的结构组成及使用方法。
4）能对给定的物质进行实验，并对实验结果进行分析处理。

3.2.3　实验用品

设备：数字式四探针测试仪、恒流源、电压表。
材料：单晶硅样品。

3.2.4　实验原理

电阻率是用来表示物质电阻特性的物理量，是半导体材料的一个重要物理参数，是载流子流经材料时受到阻碍的一种量度。对于半导体而言，电阻率是杂质浓度差的函数，可反映补偿后的杂质浓度。以 P 型半导体为例，其电导率为：

$$\rho = \frac{1}{(N_A - N_D)\mu_p q} \tag{3-4}$$

式中，N_A 为受主杂质浓度；N_D 为施主杂质浓度；μ_p 为空穴迁移率；q 为电子电荷。

直流四探针法主要用于半导体材料电阻率的测量。所用的仪器示意图以及与样品的接线图如图 3-5 所示。测试时，同时向四根等距金属探针施加适当的压力，使其与样品表面良好接触，外侧 1 和 4 两根是通电流探针，内侧 2 和 3 两根是测电压探针。由恒流源经 1 和 4 两根探针输入小电流使样品内部产生压降，同时用高阻抗的静电计、电子毫伏计或数字电压表测出其他两根探针（探针 2 和探针 3）之间的电压 V_{23}。

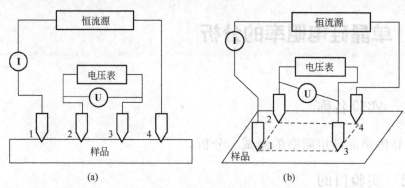

图 3-5　四探针法电阻率测量原理图

测试时，选择的样品几何尺寸要远大于探针间距。当探针通入的恒流源的电流大小为 I，由于均匀导体内恒定电场的等位面为球面，则在半径为 r 处等位面的面积为 $2\pi r^2$，电流密度为

$$j = \frac{I}{2\pi r^2} \tag{3-5}$$

根据电流密度与电导率的关系 $j = \sigma E$ 可得

$$E = \frac{j}{\sigma} = \frac{I}{2\pi r^2 \sigma} = \frac{I\rho}{2\pi r^2} \tag{3-6}$$

距离点电荷 r 处的电势为

$$V = \frac{I\rho}{2\pi r} \tag{3-7}$$

测试的半导体样品内各点的电势应为四个探针在该点所形成电势的矢

量和。通过数学推导，四探针法测量电阻率的公式可表示为

$$\rho = 2\pi(\frac{1}{r_{12}} - \frac{1}{r_{24}} - \frac{1}{r_{13}} + \frac{1}{r_{34}})^{-1}\frac{V_{23}}{I} = C\frac{V_{23}}{I} \qquad (3\text{-}8)$$

式中，C 为探针系数，$C = 2\pi(\frac{1}{r_{12}} - \frac{1}{r_{24}} - \frac{1}{r_{13}} + \frac{1}{r_{34}})^{-1}$，与探针间距有关，cm。

若四个探针在同一直线上，以图 3-5（a）的方式连接，则被测样品的电阻率为

$$\rho = 2\pi(\frac{1}{S} - \frac{1}{2S} - \frac{1}{2S} + \frac{1}{S})^{-1}\frac{V_{23}}{I} = 2\pi S\frac{V_{23}}{I} \qquad (3\text{-}9)$$

式中，S 为探针间距，cm。式（3-9）即为较经典的直流等间距四探针法测量电阻率的公式。

有时为了缩小测量区域，以观察不同区域电阻率的变化，即电阻率的不均匀性，四根探针不一定都排成一直线，而可排成正方形或矩形，如图 3-5（b）所示，此时只需改变电阻率计算公式中的探针系数 C 即可。

四探针法测量样品电阻率时，为了提高测试准确性，一般选择钨丝、碳化钨等材料作为探针，探针间距在 1～2mm 之间为宜。测试时对样品有以下要求：① 为了增大表面复合，降低少数载流子寿命，从而减小少数载流子注入的影响，试样表面需经过粗砂研磨；②试样厚度和任一探针离样品边界的距离必须大于 4 倍探针间距，这样才可以满足近似无穷大的测试条件；③每个测试点厚度与测试中心厚度的偏差应在±1%范围内。

四探针法测量的优点是探针与样品之间不要求制备接触电极，极大地方便了对样品电阻率的测量。四探针法可测量样品沿径向分布的断面电阻率，从而可以观察电阻率的不均匀性。由于这种方法允许快速、方便、无损地测试任意形状样品的电阻率，适合于实际生产中的大批量样品测试。但由于测试时受到探针间距的限制，很难区别间距小于 0.5mm 两点间电阻率的变化。

3.2.5　实验步骤

1）预热　打开数字式四探针测试仪电源、恒流源、电压表开关，仪器预热 20min。

2）放置待测样品　首先拧动四探针支架上的铜螺柱，使四探针离开测试小平台；将样品置于小平台上，然后再拧动四探针支架上的铜螺柱，使四探针的所有针尖与样品形成良好的接触即可。

3）联机　将四探针的四个接线端子，分别接入相应的正确的位置，即接线板上最外面的端子，对应于四探针的最外面的两根探针，应接入恒流源

的电流输出孔上；二接线板上内侧的两个端子，对应于四探针的内侧的两根探针，应接在电压表的输入孔上，如图3-5（a）所示。

4）测量 调节恒流源的电流值，选择合适的电流输出量程，以及适当调节电流（粗调及细调），可以在电压表上测量出样品在不同电流值下的电压值，利用式（3-9）即可计算出被测样品的电阻率。恒流源部分选择电流值时可以参考表3-1。

表3-1 不同电阻率硅样品所需电流值

电阻率/Ω·cm	电流/mA	推荐的测量电流值/mA
<0.03	≤100	100
0.03～0.3	<100	25
0.3～3	≤10	2.5
3～30	≤1	0.25
30～300	≤0.1	0.025
300～3000	≤0.01	0.0025

3.2.6 实验注意事项

1）拧探针上的螺柱，使探针下压接触样品时，要注意压力适中，以免损坏探针。

2）测量时一定要对同一样品不同位置多次测量，取平均值作为样品的电阻率。这是因为样品表面电阻可能分布不均。

3）在选择电流值、记录数据过程中一定要注意单位。

3.2.7 实验数据记录表格

单晶硅电阻率的测量数据：被测样品厚度_____。

实验数据记录于表3-2。

表3-2 实验数据记录

序号	探针间距 S/mm	电流 I/A	电压 U/V	电阻率 ρ/Ω·cm

3.2.8　思考与讨论

1）在测量时，为什么恒流源要选择适当的电流值，电流过大或过小会造成什么影响？为什么？

2）在电阻率测量的过程中，如果发生了光照或者温度变化，会对测试结果产生影响吗？为什么？

3.3　纳米二氧化钛染料敏化太阳能电池制作

3.3.1　实验名称

纳米二氧化钛染料敏化太阳能电池制备及性能测试。

3.3.2　实验目的

1）掌握染料敏化太阳能电池的组成、工作原理以及性能特点。
2）熟悉染料敏化纳米二氧化钛电极的制备方法。
3）掌握二氧化钛染料敏化太阳能电池组装及评价方法。

3.3.3　实验用品

设备和材料：数显恒温水浴锅、分液漏斗、电动搅拌仪、三口烧瓶、箱式高温炉、研钵、红外灯、导电玻璃、锡纸薄膜、生料带、铂片电极、紫外可见分光光度计、烧杯。

试剂：钛酸四丁酯、异丙醇、浓硝酸、无水乙醇、丙酮、石油醚、黄花瓣、绿叶、去离子水。

3.3.4　实验原理

（1）纳米二氧化钛染料敏化太阳能电池组成及工作原理

纳米二氧化钛染料敏化太阳能电池的基本结构包含镀有透明导电薄膜的导电基片、多孔或纳米棒状的 TiO_2 薄膜、染料敏化剂、电解质溶液（常用 I^-/I_3^-）以及对电极，如图 3-6 所示。其中，导电玻璃的主要作用是收集和传输载流子；TiO_2 的主要作用是吸附染料、分离电荷及传输光生载流子；由于 TiO_2 的禁带宽度较大，可见光不能将其激发，所以在其表面吸附一层染料敏化剂，用来拓宽 TiO_2 电极的光谱吸收范围，提高电池对可见光的吸收和利用率；电解质主要起着传输电子和还原染料的作用；对电极表面镀一层金属铂，起着收集电子和提高还原反应速率的重要作用。

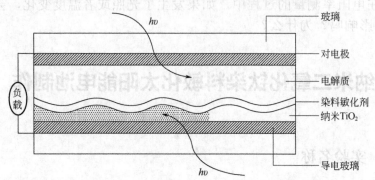

图 3-6　纳米二氧化钛染料敏化太阳能电池的基本结构

　　纳米二氧化钛染料敏化太阳能电池就是通过有效光吸收和电荷分离而实现把太阳光转变为电能的装置。当太阳光透过透明玻璃照射到纳米 TiO_2 和染料敏化剂时，染料分子会吸收光子能量产生电子跃迁，由于染料的激发态能级高于 TiO_2 的导带，因此染料产生的跃迁电子会快速注入 TiO_2 的导带（此时染料敏化剂处于氧化态），进而被收集到导电玻璃导电基片上，并通过外电路流向对电极，在外电路形成电流；处于氧化态的染料分子则通过与电解质溶液中的给电子体相互反应，自身恢复为还原态，使得染料敏化剂得到再生，而失去电子的电子给体扩散至对电极，在电极表面又重新得到电子，从而完成一个光电化学反应循环。

　　（2）纳米二氧化钛电极

　　某些金属硫化物、硒化物及氧化物都可作为染料敏化太阳能电池中的半导体关键材料。其中，纳米二氧化钛作为光电极性能较稳定、价格便宜、易制备，且比表面积大，易吸附染料分子，产生较多的光生电流。研究者们常用的合成纳米二氧化钛的方法有水热反应法、溅射法、溶胶凝胶法、等离子喷涂法等，将得到的纳米二氧化钛沉积到导电玻璃表面制备二氧化钛薄膜电极。所制备的纳米二氧化钛的微观结构，如粒径分布、气孔率等对电池的光电转换效率有很大的影响。

　　本实验采用溶胶凝胶法制备纳米二氧化钛，采用钛酸四丁酯水解得到 TiO_2 胶体溶液，经过浸渍、提拉、丝网印刷等方法在导电玻璃基底上生长 TiO_2 电极。

（3）染料敏化剂

染料敏化一般涉及三个基本过程：①染料吸附到纳米 TiO_2 颗粒表面；②被光照射后，吸附态染料分子吸收光子的能量而被激发，变为激发态；③激发态染料分子将电子注入 TiO_2 的导带上。因此，选择光敏剂时必须要满足能够牢固吸附在半导体颗粒上，对太阳光有较高的吸收能力，激发态寿命长且有高稳定性，具有足够负的激发态电势以满足电子顺利注入半导体导带。此外，考虑到染料分子要与 TiO_2 形成共价键结合，染料分子中要含有羧基、羟基等极性官能团。

常用的敏化染料有：

① 羧酸多吡啶钌。它们具有特殊的化学稳定性、突出的氧化还原性质和良好的激发态反应活性，对能量传输和电子传输都具有很强的光敏化作用，是用得最多的一类染料。

② 有机类染料。如酞菁类染料和花青素、类胡萝卜素、紫檀色素等一些天然染料。这些纯有机染料吸光系数高、成本低，但是电池的光电转换效率较低。

③ 复合染料。通常把两种或多种在不同光谱段有敏化优势的染料嫁接在一起，形成复合染料，可以最大限度地提升吸光能力。

本实验制作的纳米二氧化钛染料敏化太阳能电池是以导电玻璃负载的纳米 TiO_2 多孔膜为光阳极，天然染料叶绿素和叶黄素为光敏化剂，I^-/I_3^- 作为电解质中的氧化还原电对，镀铂的导电玻璃作为对电极。

3.3.5 实验步骤

1）制备 TiO_2 溶胶。完全烘干分液漏斗，将 2mL 异丙醇加入分液漏斗中，再添加 5mL 钛酸四丁酯，充分振荡混合液；往干净的三口烧瓶中加入 1mL 浓硝酸和 100mL 去离子水，置于 60～70℃恒温水浴中，将上述混合溶液缓慢滴加至三口烧瓶中，打开电动搅拌仪搅拌，直至获得透明的 TiO_2 溶胶。

2）制备 TiO_2 电极。利用无水乙醇和去离子水将导电玻璃清洗干净并烘干；将烘干后的导电玻璃插入 TiO_2 溶胶中浸泡提拉，直至导电玻璃表面形成均匀的液膜；取出导电玻璃，自然晾干后在红外灯下烘干，置于 450℃的箱式高温炉中热处理 30min 即可获得 TiO_2 电极。

3）提取叶绿素。将绿叶洗净烘干；称取 5g 绿叶，剪碎置于研钵中，加入少量石油醚充分研磨；转入烧杯中，再加入 20mL 石油醚，超声处理 15min 后过滤，将滤渣自然风干后置于研钵中；再以同样的方法用 20mL 丙酮提取，过滤后收集滤液，即得到去除叶黄素的叶绿素丙酮溶液。

4）提取叶黄素。取少量新鲜黄花瓣，剪碎置于研钵中，加入少许提取液（乙醇 60%+石油醚 40%）充分研磨，超声处理 15min 后，过滤，用乙醇将滤液定容至 20mL 即可获得叶黄素乙醇溶液。

5）制备染料敏化 TiO_2 电极。将前面经过 450℃ 热处理的两片 TiO_2 电极冷却至 80℃ 左右，再分别浸泡于叶绿素丙酮溶液和叶黄素乙醇溶液中，浸泡 20min 后取出，清洗，自然晾干，即可获得叶绿素和叶黄素敏化的 TiO_2 电极，用锡纸薄膜引出导电基，并用生料带外封。

6）确定敏化剂的吸收光谱范围。以有机溶剂（分别是丙酮和乙醇）作空白，测定叶绿素和叶黄素的可见光吸收，确定这两种染料敏化剂吸收的波长范围。

7）分别以不同敏化剂敏化后的 TiO_2 为光阳极、镀铂的导电玻璃为阴极组装两个电池，分别测定 I^-/I_3^- 电对存在时，两种电池在不同波长下产生的电压，分析各自光电响应的波长范围。

8）实验结束后处理数据，绘制不同染料敏化的电池开路电压随波长的变化曲线，对比两种不同染料敏化电池光电转换效率的高低。

3.3.6　实验数据记录表格

1）实验现象记录。实验现象记录于表 3-3。

表 3-3　实验现象记录表

实验步骤	实验现象
（1）制备 TiO_2 溶胶	
（2）制备 TiO_2 电极	
（3）提取叶绿素	
（4）提取叶黄素	
（5）制备染料敏化 TiO_2 电极	

2）实验数据记录。实验数据记录于表 3-4。

表 3-4　两种染料敏化剂的吸光度以及两种电池的开路电压随波长变化的记录表

波长/nm	吸光度		开路电压/V	
	叶绿素	叶黄素	叶绿素	叶黄素
320				

波长/nm	吸光度		开路电压/V	
	叶绿素	叶黄素	叶绿素	叶黄素
350				
380				
410				
440				
470				
500				
530				
560				
590				
620				
650				

3.3.7　思考与讨论

1）请思考影响染料敏化太阳能电池光电转化效率的因素有哪些。
2）请思考敏化剂在电池中的作用有哪些。
3）请思考与其他电池相比，染料敏化太阳能电池有什么特点。

3.4　少数载流子寿命分析

3.4.1　实验名称

非平衡少数载流子寿命测试。

3.4.2　实验目的

1）了解半导体非平衡载流子产生的方式。

2）掌握少数载流子寿命的测试方法和原理。

3）熟悉高频光电导衰减法测量非平衡少数载流子寿命的操作方法。

3.4.3 实验用品

设备：HIK-SCT-5 少数载流子寿命测试仪。

材料：单晶硅测试样品。

3.4.4 实验原理

（1）非平衡载流子的产生

当半导体处于热平衡状态时，在一确定温度下，载流子的浓度是一定的，这种热平衡状态下的载流子浓度，称为平衡载流子浓度。常用 n_0 和 p_0 分别表示平衡状态时电子浓度和空穴浓度。

$$n_0 = N_c \exp(-\frac{E_C - E_F}{k_0 T}) \tag{3-10}$$

$$p_0 = N_v \exp\frac{E_V - E_F}{k_0 T} \tag{3-11}$$

式中，$N_c = 2\dfrac{(2\pi m_n^* k_0 T)^{3/2}}{h^3}$，$N_v = 2\dfrac{(2\pi m_p^* k_0 T)^{3/2}}{h^3}$。

在非简并的情况下，它们的乘积满足：

$$n_0 p_0 = N_c N_v \exp(-\frac{E_g}{k_0 T}) = n_i^2 \tag{3-12}$$

可见，本征载流子浓度 n_i 只是温度的函数，在非简并情况下，无论掺杂元素多少，平衡载流子浓度 n_0 和 p_0 必定满足式（3-12），因而此式为非简并半导体处于热平衡状态的判据式。

然而，所谓的半导体热平衡状态是相对的，是有条件的。如果有外界作用施加于半导体（比如光照、施加电压等），破坏热平衡的条件，此时半导体就处于与热平衡状态相偏离的状态，称为非平衡态。此时，半导体内部的载流子浓度也发生了变化，各自比原来多出一部分，这种比平衡态多出来的这部分载流子称为非平衡载流子，也称为过剩载流子。非平衡载流子分为非平衡多数载流子和非平衡少数载流子，例如对于 N 型半导体，多出来的电子 Δn 就是非平衡多数载流子，多出来的空穴 Δp 则是非平衡少数载流子（$\Delta n = \Delta p$）；对 P 型半导体则相反。当采用光照的办法使半导体产生非平衡载流子时，叫作非平衡载流子的光注入；当采用施加电场的方法时，称为非平衡载流子的电注入。

在一般情况下，注入的非平衡载流子浓度比平衡时的多数载流子浓度小很多，对 N 型材料，$\Delta n \leqslant n_0$，$\Delta p \leqslant n_0$，满足这个条件的注入称为小注入。例如 $1\Omega \cdot cm$ 的 N 型半导体硅中，初始 $n_0 \approx 5.5 \times 10^{15}\,cm^{-3}$，$p_0 \approx 3.1 \times 10^4\,cm^{-3}$，若注入的非平衡载流子浓度 $\Delta n = \Delta p = 10^{10}\,cm^{-3}$，$\Delta n \leqslant n_0$，$\Delta p \leqslant n_0$ 是小注入，但是 Δp 几乎是 p_0 的 10^6 倍，即 $\Delta p \geqslant p_0$。这个例子说明，即使是小注入的情况下，非平衡少数载流子浓度可以比平衡少数载流子浓度大很多，它对材料的影响就显得十分重要，而相对来说非平衡多数载流子的影响可以忽略。所以往往非平衡少数载流子起着重要作用，因此我们说的非平衡载流子都是指非平衡少数载流子，简称少数载流子或者少子。

然而在某些少数情况下，注入的非平衡载流子浓度与平衡时的多数载流子浓度相当，甚至超过平衡时的多数载流子，如对 N 型材料，Δn 或 Δp 与 n_0 在同一数量级，满足这个条件的注入称为大注入。这时非平衡多数载流子的影响就不可以忽略了，我们应考虑非平衡多数载流子和非平衡少数载流子的共同作用。

（2）非平衡载流子的寿命

当光照或电场等外界产生非平衡载流子的条件撤去之后，产生的非平衡载流子并不能一直稳定地存在下去，它们会与半导体内部异性载流子相复合而逐渐减少，直至载流子浓度恢复到平衡时的值。但是，此过程是在一定时间内完成的，换句话说非平衡载流子在外加条件消失后具有一定长度的生存时间，而并不是立即消失，有的存在时间长些，有的短些，与半导体禁带宽度、体内缺陷等因素有关。我们将非平衡载流子的平均生存时间称为非平衡载流子的寿命，用 τ 表示。

显然，非平衡载流子的消失是由于半导体内部异性载流子即电子-空穴复合引起的。通常把单位时间、单位体积内的净复合消失掉的电子-空穴对数称为非平衡载流子的复合率。因而，单位时间内非平衡载流子浓度的减少应等于非平衡载流子复合率，即：

$$-\frac{\mathrm{d}\Delta p(t)}{\mathrm{d}t} = \frac{\Delta p(t)}{\tau} \tag{3-13}$$

在小注入条件下，τ 是恒定的，故而非平衡载流子浓度的通解为：

$$\Delta p(t) = Ce^{-\frac{t}{\tau}} \tag{3-14}$$

根据边界条件有 $\Delta p(t) = \Delta p(0) = (\Delta p)_0$，那么 $C = (\Delta p)_0$，因而非平衡载流子的衰减曲线为：

$$\Delta p(t) = (\Delta p)_0\, e^{-\frac{t}{\tau}} \tag{3-15}$$

上式说明，当外加条件撤销后，非平衡载流子是以指数形式衰减的，在经过 τ 的时间后，剩余非平衡载流子总量减少到原来的 $1/e$。因此，如果能测出非平衡载流子的衰减曲线，通过实验数据拟合，求出曲线中浓度为原来 $1/e$ 所对应的时间就能获得非平衡载流子的寿命。

（3）高频光电导衰减法

实验室常采用高频光电导衰减法测量非平衡少数载流子的寿命，测量电路示意图如图 3-7 所示。当红外光源脉冲照射单晶硅样品时，半导体硅内部即产生了非平衡载流子，使样品产生附加电导，样品电阻会下降。由于流经半导体电流峰值恒定，此时电流会增加 ΔI。在光照消失后，ΔI 逐渐衰退，其衰退的速度与非平衡载流子的衰减速度相一致，即 ΔI 也以指数形式衰减，故而二者的寿命相同。再结合欧姆定律可知，样品上产生的电压 ΔV 也按照同样的规律变化，即：

$$\Delta V = \Delta V_0 e^{-\frac{t}{\tau}} \tag{3-16}$$

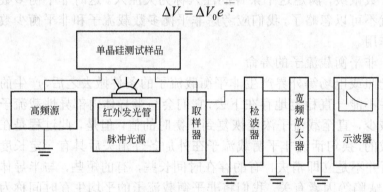

图 3-7　高频光电导衰减法测量电路示意图

最终在示波器上显示出一条如图 3-8 所示的电压衰减曲线，其中的常数 τ 即为所需的非平衡载流子寿命。

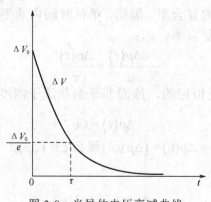

图 3-8　半导体电压衰减曲线

3.4.5 实验步骤

1）检查仪器连接线路，用高频连接线将寿命测试仪主机信号与示波器输入端连接起来。开启测试仪主机及示波器电压开关，预热 10min。因为刚开机时，主机内储能电容、滤波电容均处于充电状态，是一个不稳定的过程，示波器上出现的是杂乱不稳的波形，因此需要预热充电，直至示波器上显示一条较细的水平线。

2）在铍青铜电极尖端点两三滴自来水，然后将清理好的待测单晶硅放在电极上面，准备测量。如果样品很轻，可在其上面压上适当的重物，以确保测试样品与电极之间接触良好。

3）打开脉冲光源开关，通过调节电压值来改变光照强度，使其处于一个合适的水平。一般测量几千欧姆·厘米的高阻单晶硅时，电压用 5V 左右；测量几十欧姆·厘米的样品时，电压用 10V 左右；测量几欧姆·厘米的样品时，电压可加到 15V 左右；电压最高可调至 20V，但是不能长期在此条件下工作。

4）调整示波器同步系统、水平及垂直系统，使仪器输出的衰减信号稳定下来，并能够与指数曲线吻合。

5）测量完成后一次关闭仪器电源。

3.4.6 实验注意事项

1）批量测试时，如果发现信号不佳，请先考虑补充铍青铜电极尖端的水滴。

2）长期使用后，铍青铜电极会因被氧化而变黑，此时需用细砂纸打磨发黑部位，并用乙醇擦拭干净。

3）测试时如果发现波形头部出现平顶现象，则说明使用的信号太强，应当减弱光强。

4）为了保证测量的准确性，实验应满足小注入条件，需在保证可读数的情况下尽可能使用小功率电源，示波器尽量使用大的倍率。

3.4.7 思考与讨论

请查阅文献说出几种非平衡少数载流子寿命测试方法，并指出高频光电导衰减法的优缺点。

3.5 太阳能电池的伏安特性分析

3.5.1 实验名称

太阳能电池伏安特性的测量与分析。

3.5.2 实验目的

1）掌握太阳能电池基本结构及工作原理。
2）测量太阳能电池的暗伏安特性。
3）掌握太阳能电池输出特性的测量方法。

3.5.3 实验用品

太阳能电池板、光源（碘钨灯）、电压源、电流表、电压表/光强表、遮光罩、滑动支架、导轨、可变电阻箱。

3.5.4 实验原理

（1）太阳能电池的基本结构

如图 3-9 所示，晶体硅太阳能电池一般是以 P 型半导体硅材料作为基底材料（厚度约 500μm），在其上扩散出一层很薄（厚度约 0.3μm）的经过掺杂的 N 型层，并以此作为受光面。然后在 N 型层上面制作金属栅线作为输出电极，以减小太阳能电池的内阻。在整个背面（即 P 型层下面）制作金属膜背电极，最后在光敏面覆盖减反射膜以减少光的反射损失，增强光敏层对入射光的吸收，同时也可起到防潮、防尘等保护作用。

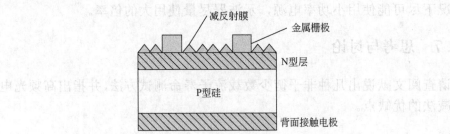

图 3-9　晶体硅太阳能电池结构图

（2）太阳能电池的工作原理

太阳能电池就是利用上述结构制成大面积的 PN 结进行工作的。当太阳光照射到电池表面上时，会发生以下几种情况：①部分太阳光会被电池表面反射，而不能进入材料内部。例如，洁净的硅表面对 0.4～1μm 波长的光的反射系数约为 30%，会损失部分太阳光，因此在制作电池时会在表面涂覆减反射膜以求减少损失。②进入半导体材料的光子能量如果小于材料的禁带宽度，此部分光线将透过该材料而不会被吸收。因此，在制作电池时要选择适当的半导体材料，使其具有较好的光谱特性。③进入半导体材料的光子能量如果大于材料的禁带宽度，则能在材料内产生电子-空穴对，PN 结内建电场的存在会将产生的电子和空穴分离，使二者没有全部复合；在内建电场作用下，把 P 区产生的电子拉到 N 区，把 N 区产生的空穴拉向 P 区，使得 N 区获得附加的负电荷，P 区获得附加的正电荷。这样就在 PN 结上产生了一个光生电动势，此即光伏效应。

（3）太阳能电池的等效电路

为了更加清晰地分析太阳能电池的特点，可以使用一个等效电路来解释太阳能电池的工作情况，等效电路如图 3-10 所示。电路由一个理想恒流源 I_L，一个串联电阻 R_s，一个并联电阻 R_{sh}，以及理想因子分别为 1 和 2 的两个二极管 D1 和 D2 组成。

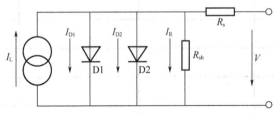

图 3-10　太阳能电池的等效电路图

测量电池的伏安特性，根据伏安特性曲线的数据，可以计算出太阳能电池性能的重要参数，包括开路电压、短路电流、最大输出功率、最佳输出电压、最佳输出电流、填充因子、光电转换效率、串联电阻以及并联电阻等。

3.5.5　实验步骤

（1）暗伏安特性测量

暗伏安特性是指无光照射时，测量流经太阳能电池的电流与外加电压之间的关系。测量原理如图 3-11 所示，将太阳能电池接到测试仪的电压输出端口，并用遮光罩罩住太阳能电池，将电阻箱电阻值调至 50 Ω 后串联接入电路，起到保护作用，用电压表测量电池两端电压，用电流表测量回路中的电流。将电压源从 0V 开始逐渐增大输出电压，每间隔 0.3V 记录一次回路中的电流，记录到表 3-5 中。再次将电压源调至 0V，将电压输出端口的接线互换，即给太阳能电池施加反向电压，逐渐增大电压，在表 3-5 中记录回路中的电流。

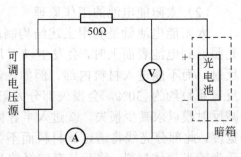

图 3-11　暗伏安特性测量接线原理

表 3-5　两种太阳能电池的暗伏安特性测量数据

电压/V	电流/mA		
	单晶硅	多晶硅	非晶硅
-7			
-6			
-5			
-4			
-3			
-2			
-1			
0			
0.3			
0.6			
0.9			
1.2			
1.5			
1.8			
2.1			

电压/V	电流/mA		
	单晶硅	多晶硅	非晶硅
2.4			
2.7			
3			

（2）光电池负载特性的测量

① 按图 3-12 连接电路，不添加偏置电压，将光源的发光方向对着太阳能电池板。待光源发光亮度稳定后，改变负载电阻，电阻 R 取值范围选 0.1～50kΩ，测量不同电阻下光电池输出的电流 I 和电压 V，记录数据。

② 依据数据绘制光电池的伏安特性曲线，沿着曲线变化趋势延长曲线，

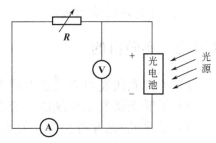

图 3-12　光电池负载特性测量接线原理图

使其与 I 轴和 V 轴相交，找出短路电流 I_{SC} 和开路电压 V_{OC} 值，并与测量结果比较。

③ 绘制输出功率 P 随负载电阻变化的曲线。找出最大输出功率 P_M 对应的最佳负载 R_M。

④ 在 I-V 图上，由斜率为 I/R_M 的直线与曲线的交点坐标可求出光电池的最佳工作电流 I_M 和最佳工作电压 V_M，进而求出填充因子 $\mathrm{FF} = \dfrac{I_M V_M}{V_{OC} I_{SC}}$。

3.5.6　实验注意事项

1）开路电压和短路电流不能同时测。

2）做光电池输出特性实验时，要边做边算，找到最大值，并做标注，且需有两组数据来支撑。

3）每个实验台上的仪器不能相互调换，确保连线准确。

4）实验完毕后，请整理好实验台。

3.5.7　思考与讨论

改变光源与光电池板的距离，将光源前移或后移，或者改变光照入射角

度，测一下这时短路电流和开路电压的变化情况，思考原因。

3.6 光伏发电系统

3.6.1 实验名称

光伏发电系统演示实验。

3.6.2 实验目的

1）了解光伏发电系统的组成及结构。
2）了解光伏发电系统的分类及应用领域。
3）了解风-光互补型光伏发电系统的工作原理。

3.6.3 实验用品

光伏电池组件、发电机、风光互补控制器、蓄电池、逆变器、直流电流表、直流电压表、交流电流表、交流电压表、实验导线。

3.6.4 实验原理

光伏发电系统一般由太阳能电池组件、汇流单元、跟踪装置、蓄电池、逆变器、控制器、监控系统等部分构成。其中，电池组件是光伏系统的核心部件，由太阳能电池按要求经串、并联的方式连接而成，将太阳能转变成电能；蓄电池是发电系统中的储能设备；逆变器是将系统产生的电流转变为负载需要的交流电，有离网逆变器和并网逆变器；控制器的作用是按照负载用电要求控制太阳能电池组件和蓄电池的电能输出。光伏发电系统应用场合非常广泛，上至航天器，下至家用电源，大到兆瓦级发电站，小到电动玩具。

光伏发电系统通常分为独立式光伏发电系统、光伏并网发电系统以及风-光互补型光伏发电系统。

独立式光伏发电系统不与电网连接，直接向负载供电，又称为离网型光伏发电系统。主要的应用领域为军事通信系统，铁路公路信号系统，以及偏远地区的气象、地震台站等。与并网发电形式不同的是，为保证负载供电的连续性，独立发电系统必须配置储能蓄电池组。

光伏并网发电系统是将太阳能电池产生的直流电经过逆变器转换成符合市电电网要求的交流电之后，直接接入市电网络，由电网进行管理控制。并网系统中的电池方阵产生的电力除了供给交流负载使用外，多余的电力直接反馈给电网。这样，在系统中就不需要配置蓄电池，省去了蓄电池储能和释放的过程，减小了能量的损耗，可充分利用系统电池方阵产生的电力，并降低了成本。目前，也有一种带有蓄电池的并网型光伏发电系统，称为可调度式并网光伏发电系统，具有不间断电源的作用。

风-光互补型光伏发电系统由光伏电池阵列、风力发电机、控制器、逆变器、蓄电池等主要部件组成。风力发电机经整流后与太阳能电池阵列产生的直流电流通过控制器，一部分经由逆变器转化为交流电供负载使用，一部分对蓄电池充电。当风力小、阳光不足时，蓄电池向外放电，经由逆变器转化为交流电使用。太阳能和风能在时间和地域上有很强的互补效果，而且，风力发电和光伏发电系统在蓄电池和逆变器环节上是通用的。

3.6.5 实验步骤

1）连接好实验平台与跟踪系统之间的接线。

2）打开设备总电源开关。

3）将蓄电池与风光互补控制器连接，使风光互补控制器正常工作。

4）连接太阳能电池方阵，并与电流表串联，接入风光互补控制器光伏输入端口。开启光源以及自动跟踪装置。

5）连接逆变器与蓄电池。

6）将直流负载与直流电流表串联，一起接入风光互补控制器的负载端口。

7）将交流负载与交流电流表串联，一起接入逆变器的输出端口，开启逆变器。

8）运行系统，每隔10min记录系统的运行数据。

9）实验结束后，断开直流、交流负载，关闭光源，断开太阳能电池组件与风光互补控制器的连接，断开风光互补控制器、逆变器和蓄电池的连接。

10）关闭总电源。

3.6.6 实验注意事项

1）实验前必须按照实验规定佩戴绝缘手套并严禁触碰裸露金属点。

2）实验时务必保证接线准确，且设备接地良好。

3）实验后一定将设备完全断电关机。

第4章
风力发电

4.1 风力发电简介

4.1.1 我国风力发电应用现状

风能是一种具有代表性的清洁能源，源于自然，取之不竭，用之不尽。以风能进行发电，可缓解化石能源的消耗，减轻对于生态环境的污染。风能作为可持续能源的主要组成部分已成为我国重要的电能来源，在我国能源消耗中的比重逐渐增加。2012 年我国并网风电装机量突破 60GW，成为世界第一风电大国。2015 年 2 月，中国风电迎来新的里程碑——并网风电装机量突破 100GW。2017 年我国新增风电装机量为 19.66GW，2018 年为 21.14GW，居世界新增风电装机量的首位。2019 年前半年，我国新增风电装机量 9GW，其中海上风电 400MW，累计并网装机量达到 193GW。2019 年 8 月 21 日，具有完全自主知识产权、国内首台 10MW 海上永磁直驱风力发电机研制成功，实现了我国大兆瓦级风电机自主品牌的历史性突破，进一步推动了我国向"风电强国"迈进。目前为止，我国风力发电已超越核电，成为仅次于火力发电、水力发电的名副其实的第三大主力电源。

4.1.2　风力发电原理及技术

风力发电的原理是利用自然风带动风力发电机组的叶片旋转,让风车叶片转动来带动发电机内部线圈,线圈切割内部的磁场感应部分,从而产生感应电流。在发电时,可实现对自然界中的风向进行检测,通过内部偏航系统对叶片进行控制,使其能随着风向改变而不断运动,最大限度地捕获自然风,提高发电机组的发电效率。一般风力发电机由机舱、叶片、轴心、低速轴、高速轴、齿轮箱、发电机、电子控制器、液压系统、冷却元件、塔架、风向标等元件构成。其核心部件是叶片、齿轮箱和发电机。叶片的主要作用是对自然风进行捕获,并传递到转子轴线上。机舱电机转子和发电机的低速轴以及齿轮箱进行连接。冷却元件可以对发电机以及齿轮箱中过热的油进行冷却,保证发电机组持续正常运转。

风力发电机按照传动装置的不同可分为直驱式、非直驱式和半直驱式,其中,直驱式的可靠性和效率较高,维修费用相对也较低;根据发电机的类型可分为笼型异步风力发电、双馈异步风力发电和永磁同步风力发电系统,目前应用最广泛的两种机型是双馈异步风力发电和永磁同步风力发电系统。

笼型异步风力发电系统主要由齿轮箱、笼型异步电机(简称 SCIG)和功率变换器等元件组成,如图 4-1 所示。该系统通过控制变换器输出的电压、电流实现对风力发电机功率和转速的调节,使得风机无论在任何风速下始终可处于最佳运行点。该系统中的 SCIG 和电网通过变换器进行柔性连接,其电网故障穿越能力比较强,并网性能好;但由于 SCIG 自身无法产生磁场,需要并网后通过吸收电网无功来产生磁场,导致其功率因数减小,且风机与 SCIG 通过齿轮箱连接,降低了风力发电系统的传动效率与稳定性。

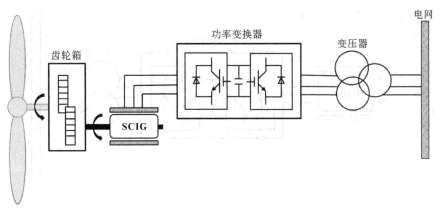

图 4-1　笼型异步风力发电系统

双馈异步风力发电系统可看作是笼型异步风力发电系统的升级版,主要部件为双馈异步电机(简称 DFIG),如图 4-2 所示。该系统通过变流器对其转子进行交流励磁控制,使其运行在同步转速±30%的范围之内,因此,其转子侧的变流器容量仅为发电机额定值的 30%,对变流器的容量要求较低;系统具有良好的转速适应能力和功率调节能力;发电机本体体积较小,成本较低。但是由于受到功率变换器的限制,系统低电压穿越能力较低,同时由于齿轮箱的加入,系统的维护成本较高。

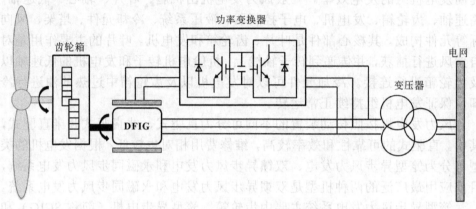

图 4-2　双馈异步风力发电系统

如图 4-3 所示,永磁同步风力发电系统中的永磁同步电机(简称 PMSG)与低速风力机之间没有齿轮箱的存在,而是直接相连,消除了齿轮箱的损失,增加了系统运行的可靠性。该系统采用全功率变流器在定子侧对输出功率进行直接控制,低电压穿越能力较强,对变流器的容量要求较高。系统中没有

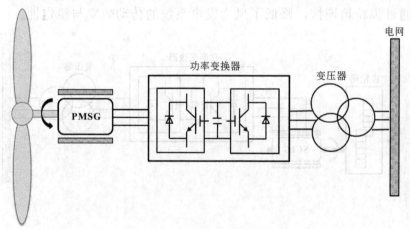

图 4-3　永磁同步风力发电系统

电励磁装置，发电效率、风能利用率得到了提高。根据系统中转子与风机叶片是否直接同轴连接，可分为半直驱与直驱两种类型。其中，直驱式永磁同步风力发电机不需电刷、滑环以及齿轮箱，系统运行可靠性较高，发电效率较高；但是当风机额定功率较高时，由于转速很低，需要较高的风机极对数，这就造成发电机体积很大，大大增加了系统成本。整体来看，永磁同步风力发电系统比较适合用于海上风力发电等对于风机可靠性要求很高的场合。

4.1.3　风力发电技术关键问题及对策

我国风力发电技术应用的问题主要表现在以下几点：①虽然风能是自然资源，取之不尽，用之不竭，但是往往风向和风速的大小不稳定，导致输出电压不稳定，无法有效地向电网输送能量。②发电机组的制造水平不高，部分关键零件仍依赖进口，造成我国的风电机组难以实现国产化安装和设计，同时在机组的管理与咨询方面，还没有形成产业链，整个体系仍不健全。③在运行过程中受到技术以及管理上缺陷的影响，存在着许多安全隐患，如在机组的检查维护中，常忽视超速测试、紧急停机测试、振动试验等，使得机组缺乏维护检查，可靠性降低。

为了提升风电质量，促进风力发电技术的健康发展，研究者们正在研究使用超导储能技术，增强发电机组频率和输出电压的稳定性；对机械结构进行改进，包括研究先进驱动设备，降低机组零部件的数量，以及优化机械的结构动力学，确保满足系统安全负荷；提高对风力发电安全管理工作的重视。

4.2　风速、螺旋桨转速、发电机感应电动势关系测量

4.2.1　实验名称

风速、螺旋桨转速、发电机感应电动势关系测量。

4.2.2　实验目的

1）测量风力发电的某些重要参数。

2）掌握风力发电的工作原理。

3）掌握风速、螺旋桨转速、发电机感应电动势之间的关系。

4.2.3 实验用品

风力发电实训系统（成都世纪中科仪器）。

4.2.4 实验原理

风是风力发电的源动力，风力发电场选址时要求年平均风速 6m/s 以上才可，风力发电机组的额定风速也要参考年均风速进行设计。设风速为 V_1，单位时间通过垂直于气流方向，面积为 S 的截面的气流动能与风速的立方成正比，表达式为：

$$P = \frac{1}{2}\Delta m V_1^2 = \frac{1}{2}\rho S V_1^3 \tag{4-1}$$

式中，ρ 为空气密度。由气体状态方程可知，密度与气压 p，热力学温度 T 的关系为：

$$\rho = \frac{Mp}{RT} \approx 3.49 \times 10^{-3}\frac{p}{T} \tag{4-2}$$

式中，M 为气体摩尔质量；R 为普适气体常数。气压会随海拔高度 h 变化，当海拔高度 h 小于 2km 时，代入 0℃时反映气压随高度变化的恒温气压公式：

$$p = p_0 \mathrm{e}^{-\frac{Mg}{RT}h} \approx p_0\left(1-\frac{Mg}{RT}h\right) = 1.013 \times 10^5 \times \left(1-1.25 \times 10^{-4}h\right) \tag{4-3}$$

将式（4-3）代入式（4-2）可得：

$$\rho = 3.53 \times 10^2 \frac{1-1.25 \times 10^{-4}h}{T} \tag{4-4}$$

式中，海拔高度 h 的单位是 m，在标准大气压下（T=273K，h=0），空气密度值为 1.293kg·m^{-3}。

上式表明，影响空气密度的主要因素是海拔高度和温度，它是近似计算公式，实际上，即使在同一地点、同一温度，气压与湿度的变化也会影响空气密度值。在不同的文献中，经常可看到不同的近似公式。

测量风速有多种方式，目前用得较多的是旋转式风速计和热线（片）式风速计。

旋转式风速计是利用风杯或螺旋桨的转速与风速成线性关系的特性，测量风杯或螺旋桨转速，再将其转换成风速显示，其最佳测量范围是 5~40m·s^{-1}。

热线（片）式风速计有一根被电流加热的金属丝（片），流动的空气使它散热，利用散热速率和风速之间的关系，即可制成热线（片）式风速计。在小风速（小于 5m·s^{-1}）时，热线（片）式风速计精度高于旋转式风速计。

风力发电系统中的发电机都是三相电机,是由静止的定子和可以旋转的转子两大部分组成,定子和转子一般由铁芯和绕组组成,铁芯的功能是靠铁磁材料提供磁的通路,以约束磁场的分布,绕组是由表面绝缘的铜线缠绕的金属线圈。转子励磁线圈通电产生磁场,风轮带动转子转动,定子绕组切割磁力线,感应出电动势,感应电动势的大小与导体与磁场的相对运动速度有关,发电机感应电动势与转速成正比。

4.2.5　实验步骤

1）使扭曲型可变桨距三叶螺旋桨处于最佳桨距角（风叶离指示圆点最近的刻度线对准风叶座上的刻度线）,风叶凹面朝向风扇,将风轮安装在发电机轴上（紧固螺钉是反螺纹,紧固与松开的旋转方向与普通螺纹相反）。

2）断开负载,用电压表测量此时的开路电压,即发电机输出的电动势。

3）调节调压器使得风速从 $3.0\mathrm{m\cdot s^{-1}}$ 开始以 $0.5\mathrm{m\cdot s^{-1}}$ 的间隔来调节风扇转速,调节稳定后记录在不同风速下螺旋桨转速及发电机感应电动势。

4）根据记录数据绘制曲线。以风速为横坐标,转速为纵坐标作图,分析两者之间的关系;以转速为横坐标,感应电动势为纵坐标作图,分析两者之间的关系。

4.2.6　实验注意事项

1）实验前应仔细阅读设备说明书,严格按照说明连接线路,严禁违反实验规定进行操作。

2）严禁用手直接接触裸露在外的接线端子。

3）实验结束后关闭设备电源。

4.2.7　思考与讨论

简述风力发电系统的结构、组成及工作原理。

4.3　风力发电机组的建模与仿真

4.3.1　实验名称

风力发电机组的建模与仿真。

4.3.2 实验目的

1）掌握风速设计的内容。
2）掌握风力机模型建立的方法。
3）掌握传动模型、发电机模型建立的方法。

4.3.3 实验原理

在 MATLAB 下的 Simulink 中建立风力发电机组的仿真模型，进行仿真研究，并对仿真结果进行分析。

4.3.3.1 风速设计

本次实验设计不考虑风向的问题，仅从其变化特点出发，着重描述其随机性和间歇性，通常用四种成分的风速来模拟实际风速，即基本风 V_b、阵风 V_g、渐变风 V_r 和随机风 V_n。最终模拟的实际风速为：$V = V_b + V_g + V_r + V_n$。

4.3.3.2 风力机模型的建立

风力机是风能的吸收和转换装置，是将风能转化为机械能的重要组件。整个能量的转换过程是：风能—机械能—电能。风力机轴上的输出机械功率为：

$$P_W = \frac{1}{2} \rho \pi R^2 V^3 C_P(\lambda, \ \beta) \tag{4-5}$$

式中，ρ 为空气密度，$kg \cdot m^{-3}$；R 为风叶叶轮半径，m；λ 为叶尖速比；β 为桨距角；C_P 为风能利用系数，是叶尖速比和叶片桨距角的函数，对于给定的风机系统，C_P 的表达式是一定的。

4.3.3.3 传动模型的建立

传动系统的简化运动方程为：

$$\left(J_r + n^2 J_g\right) \frac{d\omega}{dt} = T_r - nT_g \tag{4-6}$$

式中，J_r 为风轮转动惯量；n 为传动比；J_g 为发电机转动惯量；T_g 为发电机的反转矩；T_r 为风轮的转矩；ω 为发电机转速。

4.3.3.4 发电机模型的建立

风力发电系统发电机的反扭矩方程为：

$$T_e = \frac{g m_1 U_1^2 r_2}{(\omega_G - \omega_1)\left[\left(r_1 - \frac{C_1 r_2 \omega_1}{\omega_G - \omega_1}\right)^2 + (x_1 + C_1 x_2)^2\right]} \tag{4-7}$$

式中，T_e 为发电机的反扭矩；g 为发电机极对数；m_1 为相数；U_1 为电压；r_1，x_1 分别为定子绕组的电阻和漏抗；r_2，x_2 分别为归算后转子绕组的电阻和漏抗；C_1 为修正系数；ω_G 为发电机的当量转速；ω_1 为发电机的同步转速。

4.3.4　实验步骤

1）启动 MATLAB，调用 Simulink 工具箱中的模块或者利用 M 语言编程，构建风速模型、风力机模型、传动模型和发电机模型。

2）观察各子系统输出波形，分析模拟结果。

4.3.5　思考与讨论

根据模拟图形分析输出的功率波形与输入的风速的关系。

4.4　永磁同步风力发电机并网

4.4.1　实验名称

永磁同步风力发电机并网实验。

4.4.2　实验目的

1）了解永磁同步风力发电机并网控制原理。

2）掌握永磁同步风力发电系统并网所需的条件。

4.4.3　实验原理

永磁发电机的励磁磁场是由永磁体产生的，永磁体在电机中既是磁源，又是磁路的组成部分。永磁同步电机的转子磁极是用永久磁钢制成的，通过对磁极极面形状的设计使其在定、转子之间的间隙中产生呈正弦分布的转子磁场。该磁场的轴线与转子磁极的轴线重合，并随转子以同步速度旋转。因此，矢量控制中的同步旋转轴系与转子旋转轴系重合。永磁同步电动机的定子磁场是由定子绕组中通以对称的交流电建立的，定子磁场在定、转子气隙中也呈正弦分布并以同步速度旋转。因此，当负载一定时，定、转子旋转磁场之间的差角——功率角是恒定的，通过折算并保持功率角为90°，实现转子磁场定向的矢量控制。

直驱式 PMSG 风力发电机组中，永磁同步发电机不直接和电网连接，因此电网与永磁同步风电机组之间的交互主要通过对电网侧变换器的控制来完成，如图 4-4 所示。电网侧变换器的主要任务有两个：一是按照电网的要求，在不超过电网侧变换器容量的前提下输出一定的无功功率，实现网侧功率因数调整；二是负责将永磁同步发电机输出的有功功率及时传送至电网，这通常是通过控制直流侧电压稳定来保证的，而直流侧电压的稳定是电网侧变换器和电机侧变换器互不干扰、独立控制的前提条件。为此，需要对电网侧变换器的模型及基本控制方法进行分析。

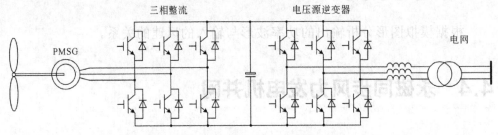

图 4-4　永磁同步发电机工作示意图

并网主要是对网侧的电压源逆变器进行控制，电网侧变换器有多种控制策略，包括基于电网电压定向的矢量控制、基于虚拟电网磁链定向的矢量控制以及直接功率控制等。目前，基于电网电压定向的矢量控制应用最为广泛，商品化的变频器绝大多数采用这种控制方法或其改进策略。电网侧变换器按照电网电压定向方式来控制，即电网电压矢量定向在 d 轴上，则电网电压在 q 轴上的投影为零。用直流侧电压环的输出作为 d 轴电流分量（有功电流）的给定值，它反映了电网侧变换器输入至电网的有功功率大小。通过控制 q 轴电流分量（无功电流）控制电网侧变换器发出的无功功率。

4.4.4　实验步骤

1）按照系统说明书完成线路连接，启动电源。

2）按下永磁直驱风力发电系统网侧变流器的触摸屏中"运行"按钮，设置直流母线电压为 600V，等待直流母线电压上升至 600V。

3）打开异步电机控制器，按下"启动"按钮。然后通过"风速调节"按钮设定模拟风机的实时风速为 $3m \cdot s^{-1}$，点击"确定"，机组开始转动，电机运行信号灯点亮，经过短暂调节后机组转速保持在 $1000\text{r} \cdot \text{min}^{-1}$ 左右（观察控制器界面中"直流电动机运行参数"列表中的"机组转速"）。观测并记录此时的发电机定子相电压、电网相电压的数值。

4）并网实验：点击变流器柜中机侧变流器上的"并网"键，液晶屏显示"并网状态：并网"。此时，发电机定子侧与电网相连接的交流接触器闭合，屏上其开关状态指示红灯点亮，此时已实现了空载并网。观测并记录并网瞬间的发电机定子电压、电流的波形，观察有无冲击电流。待转速稳定在 $1000\text{r} \cdot \text{min}^{-1}$ 左右时，观测并记录此时的发电机定子电压、转子电流的波形。

5）实验结束，点击变流器柜中机侧变流器上的"并网"键，触摸屏显示"离网"，经短暂延时，发电机定子侧与电网相连接的交流接触器断开，屏上接触器状态指示红灯灭同时绿灯点亮，发电机定子侧与电网断开，机侧变流器液晶屏显示"停止"。在触摸屏"风力机模拟运行"软件界面上点击"停止"按钮，机组停止转动，再将三相调压器调到零，经短暂延时，网侧变流器回路的接触器断开，其状态指示红灯灭同时绿灯点亮，最后依次按下风力机模拟柜中直流调速器控制单元的"启动/停车"和"允许运行"按钮，并按照正确顺序关闭各电源。

4.4.5　实验注意事项

1）实验前一定仔细阅读说明书，操作应谨慎小心，严禁触摸裸露的接线端子。

2）做实验前确保接线正确。

3）实验结束后，确保调压器调到 0，注意确保直流母线上电容放电完成。

4.4.6　思考与讨论

请简述发电机并网控制原理以及并网需要满足的条件。

参考文献

[1] Beaudin M, Zareipour H, Schellenberglabe A, et al. Energy storage for mitigating the ariability of renewable electricity sources: an updated review [J]. Energy Sustain Dev, 2010, 14(4): 302-314.

[2] 郭炳坤, 徐薇, 王先友, 等. 锂离子电池[M]. 长沙: 中南大学出版社, 2002: 1-12.

[3] 廖文明, 戴永年, 姚耀春, 等. 4种正极材料对锂离子电池性能的影响及其发展趋势[J]. 材料导报, 2008, 22（10）: 45-52.

[4] 吴宇平, 万春荣, 姜长印, 等. 锂离子二次电池[M]. 北京: 化学工业出版社, 2002: 4-9.

[5] 高俊奎. 化学电源先锋——锂离子电池[J]. 电源技术应用, 2001, （03）: 39-42.

[6] 黄可龙, 王兆翔, 刘素琴. 锂离子电池原理与关键技术[M]. 北京: 化学工业出版社, 2007: 6-10.

[7] 闫时建, 田文怀. 钴酸锂晶体结构与能量关系的研究进展[J]. 电源技术, 2005, 29（3）: 187-192.

[8] 王兆翔, 陈立泉. 锂离子电池正极材料研究进展[J]. 电源技术, 2008, 32（5）: 287-292.

[9] 马璨, 吕迎春, 李泓. 锂离子电池基础科学问题（Ⅶ）——正极材料[J]. 储能科学与技术, 2014, 3（1）: 53-65.

[10] Li H, Wang Z, Chen L, et al. Research on advanced materials for Li-ion batteries [J]. Adv Mater, 2009, 21(45): 4593-4607.

[11] Scrosati B. Recent advances in lithium ion battery materials [J]. Electrochim Acta, 2000, 45(15-16): 2461-2466.

[12] Yu J, Han Z, Hu X, et al. Solid-state synthesis of $LiCoO_2/LiCo_{0.99}Ti_{0.01}O_2$ composite as cathode material for lithium ion batteries [J]. J Power Sources, 2013, 225(2): 34-39.

[13] Tang W, Liu L L, Tian S, et al. Nano-$LiCoO_2$ as cathode material of large capacity and high rate capability for aqueous rechargeable lithium batteries [J]. Electrochem Commun, 2010, 12(11): 1524-1526.

[14] Li Y, Wan C, Wu Y, et al. Synthesis and characterization of ultrafine $LiCoO_2$ powders by a spray-drying method [J]. J Power Sources, 2000, 85(2): 294-298.

[15] Reddy M V, Jie T W, Jafta C J, et al. Studies on bare and Mg-doped $LiCoO_2$ as a cathode material for lithium ion batteries [J]. Electrochim Acta, 2014, 128:192-197.

[16] Yin R Z, Kim Y S, Shin S J, et al. In situ XRD investigation and thermal properties of Mg doped $LiCoO_2$ for lithium ion batteries [J]. J Electrochem Soc, 2012, 159(3): A253-A258.

[17] Xu H T, Zhang H, Liu L, et al. Fabricating hexagonal Al-doped $LiCoO_2$ nanomeshes based on crystal-mismatch strategy for ultrafast lithium storage [J]. ACS Appl Mater Interfaces, 2015, 7(37): 20979-20986.

[18] Zhu X, Shang K, Jiang X, et al. Enhanced electrochemical performance of Mg-doped $LiCoO_2$ synthesized by a polymer-pyrolysis method [J]. Ceram Int, 2014, 40(7): 11245-11249.

[19] Kim S, Choi S, Lee K, et al. Self-assembly of core-shell structures driven by low doping limit of Ti in $LiCoO_2$: first-principles thermodynamic and experimental investigation [J]. Phys Chem Chem Phys, 2017, 19(5): 4104-4113.

[20] Lee H J, Kim S B, Park Y J. Enhanced electrochemical properties of fluoride-coated $LiCoO_2$ thin films [J]. Nanoscale Res Lett, 2012, 7(1): 1-4.

[21] Noh J P, Jung K T, Jang M S, et al. Protection effect of ZrO_2 coating layer on $LiCoO_2$ thin film fabricated by DC magnetron sputtering [J]. J Nanosci Nanotechno, 2013, 13(10): 7152-7154.

[22] Zhang J, Gao R, Sun L, et al. Unraveling the multiple effects of Li_2ZrO_3 coating on the structural and electrochemical performances of $LiCoO_2$ as high-voltage cathode materials [J]. Electrochim Acta, 2016, 209:102-110.

[23] Teranishi T, Yoshikawa Y, Sakuma R, et al. High-rate performance of ferroelectric $BaTiO_3$-coated $LiCoO_2$ for Li-ion batteries [J]. Appl Phys Lett, 2014, 105(14): 143904.

[24] Wang Y, Liu B, Li Q, et al. Lithium and lithium ion batteries for applications in microelectronic devices: A review [J]. J Power Sources, 2015, 286:330-345.

[25] Xia H, Luo Z, Xie J. Nanostructured $LiMn_2O_4$ and their composites as high-performance cathodes for lithium-ion batteries [J]. Prog Nat Sci-Mater, 2012, 22(6): 572-584.

[26] Verhoeven V W J, Schepper I M, Nachtegaal G, et al. Lithium dynamics in $LiMn_2O_4$ probed directly by two-dimensional ^{7}Li MNR [J]. Phys Rev Lett, 2001, 86(19): 4314-4317.

[27] 梁慧新，张英杰，张雁南，等. 尖晶石 $LiMn_2O_4$ 的掺杂工艺研究进展[J]. 化工新型材料，2016，44（5）：6-9.

[28] 王延庆，王中明，郭华强，等. 基于第一性原理的尖晶石锰酸锂电池掺杂研究[J]. 材料导报 B，2014，28（2）：149-152.

[29] Zhu C, Nobuta A, Saito G, et al. Solution combustion synthesis of $LiMn_2O_4$ fine powders for lithium ion batteries [J]. Adv Powder Technol, 2014, 25(1): 342-347.

[30] Bakierska M, Molenda M, Dziembaj R. Opitimization of sulphur content in $LiMn_2O_{4-y}S_y$ spinels as cathode materials for lithium-ion batteries [J]. Procedia Engineering, 2014, 98:20-27.

[31] Dombaycioglu S, Kose H, Aydin A O, et al. The effect of $LiBF_4$ salt concentration in EC-DMC based electrolyte on the stability of nanostructured $LiMn_2O_4$ cathode [J]. Int J Hydrogen Energ, 2016, 41(23): 9893-9900.

[32] Aziz S, Zhao J, Cain C, et al. Nanoarchitectured $LiMn_2O_4$/Graphene/ZnO composites as electrodes for lithium ion batteries [J]. J Mater Sci Technol, 2014, 30(5): 427-433.

[33] Susanto D, Kim H, Kim J Y, et al. Effect of (Mg, Al) double doping on the thermal decomposition of $LiMn_2O_4$ cathodes investigated by time-resolved X-ray diffraction [J]. Curr Appl Phys, 2015, 15:S27-S31.

[34] Tron A, Park Y D, Mun J. AlF_3-coated $LiMn_2O_4$ as cathode material for aqueous rechargeable lithium battery with improved cycling stability [J]. J Power Sources, 2016, 325:360-364.

[35] Zeng J, Li M, Li X, et al. A novel coating onto $LiMn_2O_4$ cathode with increased lithium ionbattery performance [J]. Appl Surf Sci, 2014, 317:884-891.

[36] Padhi A K, Nanjundaswamy K S, Goodenough J S. Phospho-olivines as positive electrode materials for rechargeable lithium batteries [J]. J Electrochem Soc, 1997, 144(4): 1188-1194.

[37] Ellis B L, Lee K T, Nazar L F. Positive electrode materials for Li-ion and Li-batteries [J]. Chem Mater, 2010, 22(3): 691-714.

[38] Chung S Y, Choi S Y, Yamamoto T, et al. Orientation-dependent arrangement of antisite defects in lithium iron phosphate crystals [J]. Angew Chem Int Ed, 2009, 48(3): 543-546.

[39] Andersson A S, Thomas J O. The source of first-cycle capacity loos in $LiFePO_4$ [J]. J Power Sources, 2001,

97:498-502.

[40] Chung S Y, Bloking J T, Chiang Y M. Electronically conductive phospho-olivines as lithium storage electrodes [J]. Nat Mater, 2002, 1(2): 123-126.

[41] Chen M, Ma Q, Wang C, et al. Amphiphilic carbonaceous material-intervened solvothermal synthesis of LiFePO₄ [J]. J Power Sources, 2014, 263:268-275.

[42] Qin X, Wang X, Xiang H, et al. Mechanism for hydrothermal synthesis of LiFePO₄ platelets as cathode material for lithium-ion batteries [J]. J Phys Chem C, 2010, 114(39): 16806-16812.

[43] Takahashi I, Mori T, Yoshinari T, et al. Irreversible phase transition between LiFePO₄ and FePO₄ during high-rate charge-discharge reaction by operando X-ray diffraction [J]. J Power Sources, 2016, 309:122-126.

[44] Islam M S, Driscoll D J, Fisher C A J, et al. Atomic-scale investigation of defects, dopants, and lithium transport in the LiFePO₄ olivine-type battery material [J]. Chem Mater, 2005, 17(20): 5085-5092.

[45] Yamada A, Chung S C, Hinokuma K. Optimized LiFePO₄ for lithium battery cathodes [J]. J Electrochem Soc, 2001, 148(3): A224-A229.

[46] Wang Q, Deng S X, Wang H, et al. Hydrothermal synthesis of hierarchical LiFePO₄ microspheres for lithium ion battery [J]. J Alloys Compd, 2013, 553:69-74.

[47] Kraas S, Vijn A, Falk M, et al. Nanostructured and nanoporous LiFePO₄ and LiNi₀.₅Mn₁.₅O₄ as cathode materials for lithium-ion batteries [J]. Prog Solid State Chem, 2014, 42(4): 218-241.

[48] Xu G, Zhong K, Zhang J M, et al. First-principles study of structural, electronic and Li-ion diffusion properties of N-doped LiFePO₄ (010) surface [J]. Solid State Ionics, 2015, 281:1-5.

[49] Naik A, Zhou J, Gao C, et al. Rapid and facile synthesis of Mn doped porous LiFePO₄/C from iron carbonyl complex [J].J Energy Inst, 2016, 89(1): 21-29.

[50] Liu W, Huang Q, Hu G. A novel preparation route for multi-doped LiFePO₄/C from spent electroless nickel plating solution [J]. J Alloys Compd, 2015, 632:185-189.

[51] Wang Y, Wang Y, Hosono E, et al. The design of a LiFePO₄/carbon nanocomposite with a core-shell structure and its synthesis by an in situ polymerization restriction method [J]. Angew Chem Int Ed, 2008, 47(39): 7461-7465.

[52] Ren W, Wang K, Yang J, et al. Soft-contact conductive carbon enabling depolarization of LiFePO₄ cathodes to enhance both capacity and rate performances of lithium ion batteries [J]. J Power Sources, 2016, 331:232-239.

[53] Makimura Y, Sasaki T, Nonaka T, et al. Factors affecting cycling life of LiNi₀.₈Co₀.₁₅Al₀.₀₅O₂ for lithium-ion batteries [J]. J Mater Chem A, 2016, 4(21): 8350-8358.

[54] Matsumoto K, Kuzuo R, Takeya K, et al. Effects of CO₂ in air on Li deintercalation from LiNi₁₋ₓ₋yCoₓAlyO₂ [J]. J Power Sources, 1999, 81(1): 558-561.

[55] 朱先军, 詹晖, 周运鸿. LiNi₀.₈₅Co₀.₁Al₀.₀₅正极材料合成及表征[J]. 稀有金属材料与工程, 2005, 34（12）: 1862-1865.

[56] Xia S B, Zhang Y J, Dong P, et al. Synthesis cathode material LiNi₀.₈Co₀.₁₅Al₀.₀₅O₂ with two step solid-state method under air steam [J]. Eur Phys J Appl Phys, 2014, 65(1): 10401.

[57] Hu G, Liu W, Peng Z, et al. Synthesis and electrochemical properties of LiNi₀.₈Co₀.₁₅Al₀.₀₅O₂ prepared form the precursor Ni₀.₈Co₀.₁₅Al₀.₀₅OOH [J]. J Power Sources, 2012, 198:258-263.

[58] 崔妍，江卫军，张溪，等. 锂源及生产工艺对 LiNi$_{0.8}$Co$_{0.15}$Al$_{0.05}$O$_2$ 性能的影响[J]. 电池，2014，44（3）：157-160.

[59] Zhu L, Liu Y, Wu W, et al. Surface fluorinated LiNi$_{0.8}$Co$_{0.15}$Al$_{0.05}$O$_2$ as a positive electrode material for lithium ion batteries [J]. J Mater Chem A, 2015, 3(29): 15156-15162.

[60] Wang Z, Liu H, Wu J, et al. Hierarchical LiNi$_{0.8}$Co$_{0.15}$Al$_{0.05}$O$_2$ plates with exposed (010) active planes as a high performance cathode material for Li-ion batteries [J]. RSC Adv, 2016, 6(38): 32365-32369.

[61] Wu N T, Wu H, Yuan W, et al. Facile synthesis of one-dimensional LiNi$_{0.8}$Co$_{0.15}$Al$_{0.05}$O$_2$ microrods as advanced cathode materials for lithium ion batteries [J]. J Mater Chem A, 2015, 3(26): 13648-13652.

[62] Dai G, Du H, Wang S S, et al. Improved electrochemical performance of LiNi$_{0.8}$Co$_{0.15}$Al$_{0.05}$O$_2$ with ultrathin and thickness-controlled TiO$_2$ shell via atomic layer deposition technology [J]. RSC Adv, 2016, 6(103): 100841-100848.

[63] Kee Y H, Dimov N, Kobayashi E, et al. Structural and electrochemical properties of Fe-and Al-doped Li$_3$V$_2$(PO$_4$)$_3$ for all-solid-state symmetric lithium ion batteries prepared by spray-drying-assisted carbothermal method [J]. Solid State Ionics, 2015, 272:138-143.

[64] Lai C Y, Wei J J, Wang Z, et al. Li$_3$V$_2$(PO$_4$)$_3$/(SiO$_2$+C) composite with better stability and electrochemical properties for lithium-ion batteries [J]. Solid State Ionics, 2015, 272:121-126.

[65] Secchiarolia M, Marassi R, Wohlfahrt-Mehrens M, et al. The synergic effect of activated carbon and Li$_3$V$_{1.95}$Ni$_{0.05}$(PO$_4$)$_3$/C for the development of high energy and power electrodes [J]. Electrochim Acta, 2016, 219:425-434.

[66] 马昊，刘磊，路雪森，等. 锂离子电池正极材料 Li$_2$FeSiO$_4$ 的电子结构与输运特性[J]. 物理学报，2015，64（24）：248201-1-7.

[67] Lu X, Chiu H C, Bevan K H, et al. Density functional theory insights into the structural stability and Li diffusion properties of monoclinic and orthorhombic Li$_2$FeSiO$_4$ cathodes [J]. J Power Sources, 2016, 318:136-145.

[68] Masese T, Orikasa Y, Tassel C, et al. Relationship between phase transition involving cationic exchange and charge-discharge rate in Li$_2$FeSiO$_4$ [J]. Chem Mater, 2014, 26(3): 1380-1384.

[69] Eames C, Armstrong A R, Bruce P G, et al. Insights into changes in voltage and structure of Li$_2$FeSiO$_4$ polymorphs for lithium-ion batteries [J]. Chem Mater, 2012, 24(11): 2155-2161.

[70] Huang S, Tu J P, Jian X M, et al. Enhanced electrochemical properties of Al$_2$O$_3$-coated LiV$_3$O$_8$ cathode materials for high-power lithium-ion batteries [J]. J Power Sources, 2014, 245:698-705.

[71] Wang Z K, Shu J, Zhu Q C, et al. Graphene-nanosheet-wrapped LiV$_3$O$_8$ nanocomposites as high performance cathode materials for rechargeable lithium-ion batteries [J]. J Power Sources, 2016, 307:426-434.

[72] Bae K Y, Lim C W, Cho S H, et al. Tungsten carbide-coated LiV$_3$O$_8$ cathodes with enhanced electrochemical properties for lithium metal batteries [J]. J Nanosci Nanotechno, 2016, 16(10): 10613-10619.

[73] Song H, Liu Y, Zhang C, et al. Mo-doped LiV$_3$O$_8$ nanorod-assembled nanosheets as a high performance cathode material for lithium ion batteries [J]. J Mater Chem A, 2015, 3(7): 3547-3558.

[74] Zhang S S, Foster D, Read J. A high energy density lithium/sulfur-oxygen hybrid battery [J]. J Power Sources, 2010, 195:3684-3688.

[75] Barchasz C, Lepretre J C, Alloin F, et al. New insights into the limiting parameters of the Li/S rechargeable cell [J]. J Power Sources, 2012, 199:322-330.

[76] 彭佳悦，刘亚利，黄杰，等. 锂离子电池基础科学问题（XI）——锂空气电池与锂硫电池[J]. 2014，3（5）：526-543.

[77] She Z W, Sun Y, Zhang Q, et al. Designing high-energy lithium-sulfur batteries [J]. Chem Soc Rev, 2016, 45(20): 5605-5634.

[78] Wild M, Neill L O, Zhang T, et al. Lithium sulfur batteries, a mechanistic review [J]. Energy Environ Sci, 2015, 8(12): 3477-3494.

[79] Manthiram A, Fu Y, Chung S-H, et al. Rechargeable lithium-sulfur batteries [J]. Chem Rev, 2014, 114(23): 11751-11787.

[80] Poux T, Novak P, Trabesinger S. Pitfalls in Li-S rate-capability evaluation [J]. J Electrochem Soc, 2016, 163(7): A1139-A1145.

[81] Fang R, Zhao S, Hou P, et al. 3D interconnected electrode materials with ultrahigh areal sulfur loading for Li-S batteries [J]. Adv Mater, 2016, 28:3374-3382.

[82] Hart C J, Cuisinier M, Liang X, et al. Rational design of sulphur host materials for Li-S batteries: correlating lithium polysulphide adsorptivity and self-discharge capacity loss [J]. Chem Commun, 2015, 51(12): 2308-2311.

[83] Kim J H, Fu K, Choi J, et al. Hydroxylated carbon nanotube enhanced sulfur cathodes for improved electrochemical performance of lithium-sulfur batteries [J]. Chem. Commun, 2015, 51(71): 13682-13685.

[84] Wang J, Zhang M, Tang C, et al. Microwave-irradiation synthesis of $Li_{1.3}Ni_xCo_yMn_{1-x-y}O_2$ cathode materials for lithium ion batteries [J]. Electrochim Acta, 2012, 80:15-21.

[85] Lee K S, Myung S T, Amine K, et al. Structural and electrochemical properties of layered $Li[Ni_{1-2x}Co_xMn_x]O_2$ ($x=0.1\sim0.3$) positive electrode materials for Li-ion batteries [J]. J Electrochem Soc, 2007, 154(10): A971-A977.

[86] 邹邦坤，丁楚雄，陈春华. 锂离子电池三元正极材料的研究进展[J]. 中国科学：化学，2014，44（7）：1104-1115.

[87] Sun Y K, Noh H J, Yoon C S. Effects of Mn content in surface on the electrochemical properties of core-shell structured cathode materials [J]. J Electrochem Soc, 2011, 159(1): A1-A5.

[88] 刘嘉铭，张英杰，董鹏，等. 锂离子电池正极材料高镍 $LiNi_{1-x-y}Co_xMn_yO_2$ 研究进展[J]. 硅酸盐学报，2016，44（7）：931-941.

[89] Hua W, Zhang J, Zheng Z, et al. Na-doped Ni-rich $LiNi_{0.5}Co_{0.2}Mn_{0.3}O_2$ cathode material with both high rate capability and high tap density for lithium ion batteries [J]. Dalton Trans, 2014, 43(39): 14824-14832.

[90] Zhang Z, Zhu S, Huang J, et al. Acacia gum-assisted co-precipitating synthesis of $LiNi_{0.5}Co_{0.2}Mn_{0.3}O_2$ cathode material for lithium ion batteries [J]. Ionics, 2016, 22(5): 621-627.

[91] Noh M, Cho J. Optimized synthetic conditions of $LiNi_{0.5}Co_{0.2}Mn_{0.3}O_2$ cathode materials for high rate lithium batteries via co-precipitation method [J]. J Electrochem Soc, 2013, 160(1): A105-A111.

[92] Hou P, Wang X, Song D, et al. Design, synthesis, and performances of double-shelled $LiNi_{0.5}Co_{0.2}Mn_{0.3}O_2$ as cathode for long-life and safe Li-ion battery [J]. J Power Sources, 2014, 265:174-181.

[93] Kong J Z, Zhai H F, Ren C, et al. Synthesis and electrochemical performance of macroporous $LiNi_{0.5}Co_{0.2}$ $Mn_{0.3}O_2$ by a modified sol-gel method [J]. J Alloys Compd, 2013, 577:507-510.

[94] Li Y, Han Q, Ming X, et al. Synthesis and characterization of $LiNi_{0.5}Co_{0.2}Mn_{0.3}O_2$ cathode material prepared by a novel hydrothermal process [J]. Ceram Int, 2014, 40:14933-14938.

[95] Zhang Y, Wang Z B, Lei J, et al. Investigation on performance of $Li(Ni_{0.5}Co_{0.2}Mn_{0.3})_{1-x}Ti_xO_2$ cathode materials for lithium-ion battery [J]. Ceram Int, 2015, 41(7): 9069-9077.

[96] Hu G, Zhang M, Liang L, et al. Mg-Al-B co-substitution $LiNi_{0.5}Co_{0.2}Mn_{0.3}O_2$ cathode materials with improved cycling performance for lithium-ion battery under high cutoff voltage [J]. Electrochim Acta, 2016, 190:264-275.

[97] Aurbach D, Srur-Lavi O, Ghanty C, et al. Studies of aluminum-doped $LiNi_{0.5}Co_{0.2}Mn_{0.3}O_2$: electrochemical behavior, aging, structural transformations, and thermal characteristics [J]. J Electrochem Soc, 2015, 162(6): A1014-A1027.

[98] 夏继平, 叶学海, 于晓微, 等. Ti^{4+}和Zn^{2+}离子复合掺杂对$LiNi_{0.5}Co_{0.2}Mn_{0.3}O_2$性能的影响[J]. 电池工业, 2014, 19（3）: 123-126.

[99] Wang M, Chen Y, Wu F, et al. Characterization of yttrium substituted $LiNi_{0.33}Mn_{0.33}Co_{0.33}O_2$ cathode material for lithium secondary cells [J]. Electrochim Acta, 2010, 55:8815-8820.

[100] Kam K C, Doeff M M. Aliovalent titanium substitution in layered mixed Li Ni-Mn-Co oxides for lithium battery applications [J]. J Mater Chem, 2011, 21(27): 9991-9993.

[101] Samarasingha P B, Wijayasinghe A, Behm M, et al. Development of cathode materials for lithium ion rechargeable batteries based on the system $Li(Ni_{1/3}Mn_{1/3}Co_{(1/3-x)}M_x)O_2$, (M = Mg, Fe, Al and x = 0.00 to 0.33) [J]. Solid State Ionics, 2014, 268:226-230.

[102] Zhu H, Xie T, Chen Z, et al. The impact of vanadium sunstitution on the structure and electrochemical performance of $LiNi_{0.5}Co_{0.2}Mn_{0.3}O_2$ [J]. Electhochim Acta, 2014, 135:77-85.

[103] Cho S W, Ryu K S. Sulfur anion doping and surface modification with $LiNiPO_4$ of a $LiNi_{0.5}Mn_{0.3}Co_{0.2}O_2$ cathode [J]. Mater Chem Phys, 2012, 135(2): 533-540.

[104] Yang K, Fan L Z, Guo J, et al. Significant improvement of electrochemical properties of AlF_3-coated $LiNi_{0.5}Co_{0.2}Mn_{0.3}O_2$ cathode materials [J]. Electrochim Acta, 2012, 63:363-368.

[105] Shi Y, Zhang M, Qian D, et al. Ultrathin Al_2O_3 coatings for improved cycling performance and thermal stability of $LiNi_{0.5}Co_{0.2}Mn_{0.3}O_2$ cathode material [J]. Electrochim Acta, 2016, 203:154-161.

[106] Hu G, Zhang M, Wu L, et al. High-conductive AZD nanoparticles decorated Ni-rich cathode material with enhanced electrochemical performance [J]. ACS Appl Mater Interfaces, 2016, 8(49): 33546-33552.

[107] 钟洪彬, 胡传跃, 刘鑫, 等. 能源材料与化学电源综合实验教程[M]. 成都: 西南交通大学出版社, 2018.

[108] 孟祥伟. 中温固体氧化物燃料电池阴极和电解质材料的性能研究[D]. 长春: 吉林大学, 2016.

[109] Jiang S P. Development of lanthanum strontium manganite perovskite cathode materials of solid oxide fuel cells: a review [J]. J Mater Sci, 2008, 43: 6799-6833.

[110] Shimada H, Yamaguchi T, Sumi H, et al. Extremely fine structured cathode for solid oxide fuel cells using Sr-doped $LaMnO_3$ and Y_2O_3-stabilized ZrO_2 nano-composite powder synthesized by spray pyrolysis [J], J Power Sources, 2017, 341:280-284.

[111] Rehman S U, Song R H, Lim T H, et al. High-performance nanofibrous $LaCoO_3$ perovskite cathode for solid oxide fuel cells fabricated via chemically assisted electrodeposition [J]. J Mater Chem A, 2018, 6:6987-6996.

[112] Kaur P, Singh K. Review of perovskite-structure related cathode materials for solid oxide fuel cells [J]. Ceramics International, 2020, 46(5): 5521-5535.

[113] Zhang S, Han N, Tan X. Density functional theory calculations of atomic, electronic and thermodynamic properties of cubic $LaCoO_3$ and $La_{1-x}Sr_xCoO_3$ surfaces [J]. RSC Adv, 2015, 5:760-769.

[114] Taskin A A, Lavrov A N, Ando Y. Achieving fast oxygen diffusion in perovskites by cation ordering [J]. Appl Phys Lett, 2005, 86:091910-1-091910-3.

[115] Yoo S, Jun A, Ju Y W, et al. Development of double-perovskite compounds as cathode materials for low-temperature solid oxide fuel cells [J]. Angew Chem INT Ed, 2014, 53:1-5.

[116] Tao S W, Irvine J T S. Catalytic properties of the perovskite oxide $La_{0.75}Sr_{0.25}Cr_{0.5}Fe_{0.5}O_{3-\delta}$ in relation to its potential as a solid oxide fuel cell anode material [J]. Chem Mater, 2004, 16:4116-4121.

[117] Aliotta C, Liotta L F, Deganello F, et al. Direct methane oxidation on $La_{1-x}Sr_xCr_{1-y}Fe_yO_{3-\delta}$ perovskite-type oxides as potential anode for intermediate temperature solid oxide fuel cells [J]. Applied Catalysis B: Environmental, 2016, 180:424-433.

[118] Aariboga V, Ozdemir H, Oksuzomer M.A. Faruk. Cellulose templating method for the preparation of $La_{0.8}Sr_{0.2}Ga_{0.83}Mg_{0.17}O_{2.815}$ (LSGM) solid oxide electrolyte [J]. J Eur Ceram Soc, 2013, 33(8): 1435-1446.

[119] Li TW, Yang SQ, Li S. Preparation and characterization of perovskite $La_{0.8}Sr_{0.2}Ga_{0.83}Mg_{0.17}O_{2.815}$ electrolyte using a poly(vinyl alcohol) polymeric method [J]. J Adv Ceram, 2016, 5(2): 167-175.

[120] Shu L, Sunarso J, Hashim S S, et al. Advanced perovskite anodes for solid oxide fule cells: a review [J]. Int J Hydrogen Energ, 2019, 44:31275-31304.

[121] Chilvery A K, Batra A K, Yang B, et al. Perovskites: transforming photovoltaics, a mini-review [J]. J Photon Energy, 2015, 5:057402-1-14.

[122] 周丽梅，高宏，薛钰芝. 铜铟铝硒（CIAS）薄膜太阳能电池关键材料——制备和性能[M]. 北京：化学工业出版社，2013.

[123] Cao Y, Liu Y, Zakeeruddin S M, et al. Direct contact of selective charge extraction layers enables high-efficiency molecular photovoltaics [J]. Joule, 2(6): 1108-1117.

[124] Lee M M, Teuscher J, Miyasaka T, et al. Efficient hybrid solar cells based on meso-superstructured organometal halide perovskites [J]. Science, 2012, 338(6107): 643-647.

[125] Gou M, Ren R, Sun W, et al. Nb-doped $Sr_2Fe_{1.5}Mo_{0.5}O_{6-\delta}$ electrode with enhanced stability and electrochemical performance for symmetrical solid oxide fuel cells [J]. Ceramics International, 2019, 45:15696-15704.

[126] 李涛. 光伏发电实验实训教程[M]. 北京：中国水利水电出版社，2018.

[127] 周强，陈思范，张启应. 风力发电技术的问题及发展探究[J]. 广西节能，2019(03): 34-35.

[128] 王霄鹤. 双馈风力发电系统友好并网运行控制策略研究[D]. 杭州：浙江大学，2019.

[129] 张泽奎. 太阳能、风能发电技术实验指导书[M]. 武汉：华中科技大学出版社，2015.